Solving Everyday
Problems
with the Scientific Method
Don K Mak | Angela T Mak
Anthony B Mak
Thinking Like a
Scientist
과학을
활용하는 생활
역자_진병문
청범출판사
World Scientific

일러두기

이 책에 나오는 예제들은 모두 실제로 일어났던 일들이다. 하지만 실제 사람의 이름이나 장소 그리고 사소한 문제들은 프라이버시 문제 때문에 변경하였음을 밝혀 둔다.

이 책에서 언급된 의학적 문제 해결방법의 일부는 모든 사람에게 적용되지는 않을 수도 있을 것이다. 환자들은 의사의 자문을 통하여 관찰하고 가설을 세워서 실험을 해야 할 것이다.

서 문

가희는 아주 행복하게 태어났다. 그녀는 놀고, 먹고, 자면서 온 종일을 보낸다. 걱정거리가 전혀 없었다. 인생이 아주 위대했다.

시간이 경과하여 그녀가 약간 성장하게 되자 그녀 주변의 문제를 걱정하기 시작하였다. 그리고 자기 자신을 돌보는 데 약간의 책임감을 가지게 되었다. 모든 일들이 그녀가 원하는 대로 일어나지는 않는다. 그녀가 어떻게 다루어야 할지 알 수 없는 문제들이 발생하기 시작한다. 인생이 약간 불쌍해지기 시작하였다.

어느 날 가희는 영수를 만나게 되었다. 영수는 현명한 사람이었다. 그는 가희의 애로사항을 귀 기울여 들어주었다. 그는 가희의 애로사항이 무엇인지 이해하였다. 그래서 영수는 가희에게 〈**과학적 방법(scientific method)**〉을 가르쳐 주었다. 이 〈과학적 방법〉은 그녀가 친숙해져 있는 환경 내에서 문제를 해결할 수 있게 해줄 뿐 아니라 그녀가 친숙하지 않은 주변 환경에 적응하는 사고능력을 향상시키기도 한다.

가희는 〈과학적 방법〉을 배워서 기회가 될 때마다 매일 훈련을 한다. 그러자 예전에 해결할 수 없었던 일들도 해결할 수 있게 되었다. 이후로 그녀는 행복한 생활을 계속하게 된다.

차 례

서 곡
prelude

아버지가 신문을 내려놓았다. 두 시간 동안 계속 내리던 비가 그치고 하늘이 맑게 개었다. 이 비 덕분에 대기 중에 음이온이 증가하여 공기가 상쾌해진 느낌이다. 아버지는 가족들에게 집에서 15분 거리에 있는 공원으로 산책을 나가자고 제안했다.

어머니는 세 살 된 아들과 다섯 살 된 딸아이에게 옷을 입혔다. 그들은 공원에 도착한 후 놀이마당으로 향하는 산책로를 따라 걸어갔다. 주의력이 부족한 딸아이가 어디를 가는지 모른 채 가다가 한 쪽 발을 그만 물웅덩이에 빠뜨렸다. 양말과 구두가 모두 젖어버렸다. 딸아이는 더 이상 걷지 않으려고 했다. 아이는 아무리 설득을 해도 걷기를 거부하였다. 아버지는 무슨 말을 해야 할까 고민하였다. 딸아이를 왔던 길로 되돌아서 데리고 가야 할까? 집으로 달려가 차를 가져올 수도 있다. 또는 강제적으로 아이를 걷게 할 수도 있다. 과연 이 문제를 어떤 방법으로 해결해야 할까?

어떤 방식을 제시할지 잠깐 생각해 보자. 아버지가 어떻게 그 상황을 극복하는가를 알아보기 전에 어떤 것이 가장 '과학적 방법'인지 생각해 보자.

CHAPTER 02

과학적 방법

scientific method

철학적 이념, 과학적 발견들, 그리고 공학적 발명품들의 역사를 살펴보면, 이런 것들은 한 사람이나 혹은 일부의 사람들에 의해서만 이루어진 적이 없으며, 동시대의 다른 사람들이 전혀 생각해본 적도 없던 일은 없었다. 사람들은 이전의 발명품들에 대해 모를 수도 있고, 다른 나라에서 생활하는 사람들이 동일한 아이디어를 갖고 있을 수도 있다는 사실을 인정하지 않으려고 한다. 즉 자신의 아이디어가 자신만이 생각한 것이고 원조라고 여긴다. 하지만 역사적 사실을 비추어 볼 때 다른 사람이 유사한 개념으로 이미 이런 일들을 해왔을 가능성이 매우 높다.

'과학적 방법'의 발전이나 개념에는 예외가 없다. 한 사람 또는 한 무리의 사람들 또는 어떤 문명이라도 '과학적 방법'을 자기들만의 창조물이라고 주장할 수는 없다. '과학적 방법'은 수 세기에 걸쳐 서서히 진화해온 것이다. 동굴에 사는 사람들의 석기시대부터 이야기를 시작해 보자.

2.1 에드윈 스미스의 파피루스

'과학적 방법'의 기원은 기원 전 2600년으로 거슬러 올라간다. 고대의 수술법이 **에드윈 스미스의 파피루스**(Edwin Smith Papyrus)에 기록되어 있는데, 이 문서는 이집트 연구학자인 **에드윈 스미스**가 1862년 이집트에서 구입한 것이다.

파피루스는 이집트의 나일강 유역에서 자라는 수중 식물이다. 이 식물의 원통형 줄기는 스펀지 같은 구조를 이루고 있는데, 고대 이집트 사람들은 이 스펀지 구조 부분을 잘라 물에 적신 후 압력을 가해 건조시켜 두루마리 형태로 만들어 여기에 기록을 남겼다. 이집트 약학의 창시자인 임호테프(Imhotep, BC 2600년 경)가 에드윈 스미스 파피루스의 원저자이며, 이 문서가 지구상에서 가장 오래된 의료 기록이라고 알려져 있다. 이 문서는 전투에서 입기 쉬운 48가지 부상에 대해 기록하고 있으며 부상자가 받은 상세한 수술 방법에 대해 설명하고 있다. 이 문서는 뇌, 심장, 간, 비장, 신장 그리고 방광에 대해 설명하고 있으며,

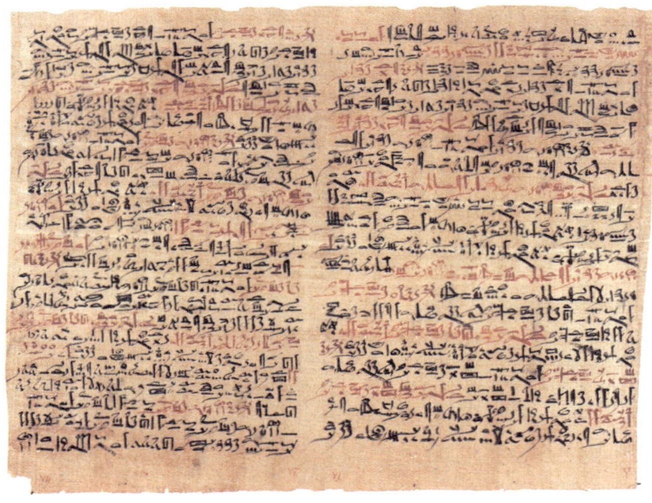

에드윈 스미스가 구입한 파피루스에 적힌 최고(最古)의 의학 서적

• 식물 파피루스 •

봉합 수술과 붕대의 종류 등에 대해서도 묘사하고 있다. 또, '과학적 방법'의 근본인 검사(examination), 진단(diagnosis), 치료(treatment), 그리고 예후(prognosis) 등에 대해서도 나와 있다.

2.2 그리스의 철학(BC 4세기)

기원 전 4세기 경, 고대 그리스에서 또 다른 중요한 과학적 방법이 제시된다. 핵심 인물 중의 한 사람은 그리스의 철학자였던 **아리스토텔레스**(Aristotle, BC 384~322)이다. 아리스토텔레스는 마케도니아(Macedonia)에 인접한 스타기라(Stagira)에서 태어났다. 그의 아버지는 마케도니아의 왕인 아민타스(Amyntas) 가족의 의사였다. 그의 아버지로부터 많은 영향을 받은 아리스토텔레스는 자연 현상에 대한 궁금증 해결을 위한 연구에 몰두하게 되었다.

아리스토텔레스는 17살이 되던 해 그리스에서 가장 큰 도시 아테네(Athens)에 있는, **플라톤**(Plato)이 운영하던 학원(academy)에 들어가게 되었다. 그 당시 이 학원은 지식인들 사이에서 구심점 역할을 하던 곳이었다. 아리스토텔레스는 이 학원에서 플라톤이 죽기까지 20년 간 연구에 매진했다. 하지만 아리스토텔레스는 몇 가지 기본적인 철학적 사실에 관해서는 플라톤과 의견을 달리 하였다. 플라톤은 그의 스승인 소크라테스의 의견과 마찬가지로 지식(knowledge)은 대화(conversation)와 조직적인 의문(methodical questioning)을 가짐으로써 얻어진다고 믿고 있었지만, 아리스토텔레스는 지식은 오로지 사람의 감각적인 경험(sensory experiences)에 의해서만 얻어진다고 믿었다. 플라톤은 이 사실을 지적 추론에 근거하여 이론화하고 우주의 법칙을 발견할 수 있었다. 그러나 아리스토텔레스는 관찰에 의해서 법칙을 찾아내려고만 하였다. 플라톤이나 아리스토텔레스 모두 다 연역적 추론(deductive reasoning)을 지지하였지만 아리스토텔레스만이 **귀납적 추론**(inductive reasoning)을 완성하게 되었다.

연역적 추론은 인정받은 전제(premises)나 공리(axiom)로부터 이끌려 나오는 논리적 과정(logical procedure)이다. 현재 아리스토텔레스 논리라 불리는 논리 체계는 아리스토텔레스에 의해 개발된 것이다. 이 논리로 아주 유명한 예가 있는데, '인간은 죽는다'와 '그리스 사람은 인간이다'라는 두 문장으로부터 '그리스 사람은 죽는다'라는 결론을 이끌어낼 수 있다는 것이다.

귀납적 추론은 일반적인 원칙이 유도되는 관측으로부터 시작한다. 예를 들어, 우리가 관찰한 모든 백조가 희다면 우리는 '모든 백조는 희다'라는 일반적인 사실을 도출할 수 있다. 만약 어떤 사람이 말하기를 방금 그가 도로 위를 달리는 백조를 보았다고 한다면 우리는 그 백조가 분명히 흰색일 것이라고(연역적 추론을 사용하여) 추론할 수 있을 것이다. 하지만 우리가 어떤 일반적인 원칙을 이끌어낼 때에는 매우 신중해야 한다. 예컨대 우리가 미래에 검정 백조를 보게 된다면 우리가 이끌어냈던 일반 원칙을 폐기해야 하기 때문이다.

아리스토텔레스는 자연에 존재하는 모든 것들에 관심을 가졌으며 그것을 알고자 했다. 그는 스스로 이해하지 못하는 어떤 사실이 있을 경우, 관찰을 하고 데이터를 모아서 생각을 하여 답을 찾아내려고 시도하였다. 그러나 그는 가끔씩 실수를 하곤 했다. 예를 들자면, 여자가 남자보다 이빨 개수가 더 적다고 한 것이다. 게다가 여왕벌이 아니라 왕벌이 꿀통을 지배한다고 기록하였다. 그는 관찰만으로 사실을 밝히는 데에 한계를 느끼면서도 실험을 통해 그의 이론을 증명하려고 하지는 않았다. 예를 들어, 그는 무거운 물체가 가벼운 물체보다 빨리 떨어진다고 주장하였다. 그러나 이러한 그의 주장은 후에 그리스의 철학자인 **존 필로포너스**(John Philoponus, AD 490~570)에 의해 반박을 당하였다. 수 세기가 지난 후 **갈릴레오**(AD 1564~1642)는 실험을 통해 무거운 물체나 가벼운 물체는 실제로 같은 속도로 떨어진다는 사실을 정립하였다. 아리스토텔레스는 물리학에 수학을 적용하는 데에도 실패하였다. 그는 수학은 불변인 물체를 다루는 반면 물리학은 변화하는 물체를 다룬다고 생각하였다. 그런 결론은 그가 자연을 인지(perception)하는 데 분명히 영향을 미쳤을 것이다.

아리스토텔레스는 많은 주제들, 예컨대 윤리(ethics), 정치(politics), 기상학(meteorology), 물리학(physics), 수학(mathematics), 형이상학(metaphysics), 발생학(embryology), 해부학(anatomy), 생리학(physiology) 등에 대해 저술하였고, 그의 업적은 후세에 지대한 영향을 끼쳤다. 예를 들어, 물리학에 관해 그가 쓴 책은 자연 철학(지금의 자연과학)의 기본서로서 갈리레오의 시대인 16세기까지 거의 2000년에 걸쳐 사용되었다.

그러나 아리스토텔레스의 저서들이 실제로는 과학 발전의 발목을 잡았다고 해도 과언이 아니다. 그 이유는 그가 너무 존경을 받아서 그의 주장에 반박하는 일이 거의 없었기 때문이다. 하지만 그는 제자들이 어떤 주제에 대해 접근하고자 할 때, 이전에 그 주제에 관해 어떤 일들이 이루어졌는지 찾아내도록 엄격하게 가르쳤으며, 그들만의 이론을 도출하고 그 믿음에 대한 어떤 의구심이라도 규명을 하고자 노력하였다. 그럼에도 불구하고 그는 실험을 수행하여 그의 이론에 대한 정당성을 규명하는 일을 등한시하여 실패하게 된 것이다.

2.3 이슬람의 철학(AD 8~15세기)

이슬람의 과학자들은 현대사회의 '과학적 방식' 개발에 중요한 영향을 끼쳤다. 그들은 그리스 사람들보다 실험에 훨씬 많은 비중을 두었다. 이슬람 철학과 회교도의 가르침 때문에 이슬람인들은 자연에 대한 경험적 연구시 체계적인 관측과 실험을 중시하였다. 이슬람 학자들은 8세기에 새로 창출된 아랍공동체에 의해 생긴 단일 언어인 아랍어(arabic)의 큰 혜택을 입었다. 그들은 인도인의 과학 기술 뿐 아니라 그리스와 로마인들의 서적들도 읽을 수 있었다.

저명한 아랍 과학자인 **이븐 알 하이담**(Ibn Al-Haitham, 서양에는 알하젠으로 알려져 있음)은 그의 광학 실험에 '과학적 방법'을 적용하였다. 그는 빛이 다양한 매질을 통과하는 실험을 통해 **굴절 법칙**(law of refraction)을 이끌어냈다. 그는 또 빛의 분산 실험을 통해 빛이 성분별로 나뉘는 실험도 행하였다. 그의 저서인 「**광학 책(The Book of Optics)**」은 라틴어로 번역이 되었으며 서양의 과학에 지대한 영향을 끼쳤다.

또 다른 뛰어난 과학자인 **알 비루니**(Al-Biruni, AD 973~1048)는 철학과 수학, 과학 그리고 의학에 지대한 공헌을 하였다. 그는 지구의 반지름을 측정하여 지구가 자신을 축으로 하여 회전하고 있다는 지구 회전 이론에 대해 설명하기도 했다. 게다가 그는 18가지의 귀금속과 보석의 비중을 설득력 있는 방법으로 아주 정밀하게 측정하였다.

유사한 과학적 연구들이 이슬람 과학자들에 의해 이루어졌는데 그

규모 또한 이전의 어떠한 문명에서 이루어진 것보다 컸다. 과학이라는 자체가 이슬람 문화권에서는 아주 중요한 기본 원칙이었다고 할 수 있다.

2.4 유럽의 과학(AD 12~16세기)

서기 476년, 로마제국이 멸망하자 유럽 사회는 전반적으로 과거의 많은 지식들을 잃어버리게 되었고, 소수의 고대 그리스 책자들만 남아 철학이나 과학 교육의 기초 자료로 활용되었다.

11세기 말과 12세기에 걸쳐 이탈리아, 프랑스 그리고 영국 등지에서 예술, 법, 의학 그리고 신학을 공부하기 위해 대학이라는 것이 처음으로 설립되었는데, 이것이 예술이나 문학의 부흥을 야기하여 유럽에 학구적인 분위기를 조성하게 되었다. 이슬람 문화권과의 소통을 통하여 유럽인들은 이슬람 문화의 업적뿐 아니라 고대 그리스와 로마의 업적까지 복원할 수 있었으며, 유럽인들이 동양으로 여행을 하기 시작하여 인도나 중국의 과학 기술이 유럽 사회에 영향을 미치게 되었다.

13세기 초, 영국의 철학자였던 **로버트 그로세테스트**(Robert Grosseteste, 1175~1253)는 천문학, 광학, 조수 운동(tidal movement) 등에 관한 서적과 아리스토텔레스의 업적에 대한 논평집을 발간하였다. 그는 아리스토텔레스의 과학적 추론의 이중성(연역과 귀납)을 철저하게 이해하고 특별성에서 일반적 전제로 가는 일반화 과정에 대해 논의하였으며 그런 후 일반적 전제를 이용하여 다른 특별성(particulars)을 예견할 수 있는 방법을 제시하였다. 하지만 아리스토텔레스와 달리 그로세테스트는 과학적인 사실을 증명하는 데 있어 실험의 역할을 강조하였다. 그는 또 자연 과학의 법칙을 구성하는 데 있어 수학의 중요성을 강조하였다.

천주교 신부이자 영국의 철학자였던 **로저 베이컨**(Roger Bacon, 1214~1294)은 수학이 과학의 기저를 이룬다고 생각하였다. 그는 아랍문명권의 철학이나 과학적 업적을 높이 평가하였으며, 그로세테스트와 마찬가지로 권위만 가지고 말하는 데 의존할 것이 아니라 신중한 실험적 배치를 통해 지식을 얻어야 한다는 점을 매우 강조하였다. 그는 가설의 정당성을 증명하기 위해서 제어된 조건들을 사용하여 실험을 진행하였으며, 그러한 조건들이 반복 실험 과정 동안 엄격하게 제어된다면 동일한 결과가 발생할 것이라고 예측하였다. 그는 모든 이론들은 추론(reasoning)이나 사고(thinking)에 전적으로 의존하기보다는 자연을 관측하여 입증될 필요가 있다고 역설하였다. 베이컨은 서양에서 최초로 '과학적 방법'을 옹호하는 사람 중 하나였으며, 수학, 광학, 연금술(alchemy) 그리고 천체(celestial body)에 관한 많은 기록을 남겼다.

14세기에 영국의 논리학자인 **윌리엄 오컴**(William of Ockham, 1285~1349)이 극도의 절약정신 원칙(principle of parsimony)을 소개하였다. 이 원칙은 현재 **오컴의 면도날**(Ockham's razor)로 알려져 있는데, 설명이나 이론은 가능한 한 간단명료하여야 하며 사실을 설명하는데 충분한 항목들을 포함하고 있어야 한다고 설명했다. 면도날이라는 용어가 사용된 이유는 불필요한 가정은 간략한 설명을 얻기 위해 제거되어야 한다는 의미 때문이다. 실체는 필요성을 넘어서면서까지 복합화될 필요가 없다고 오컴의 면도날은 설명하고 있으며, 이 논리는 20세기에 아인슈타인이 기록한 '이론은 더 간단해져야 한다는 것이 아니라 가능한 한 간단해야 한다'는 주장과 일맥상통한다.

1347년, 충격적인 전염병인 흑사병이 유럽을 강타하여 인구의 1/3에서 2/3를 죽였다. 같은 시기에 아시아 전역(특히 인도와 중국)과 중동에 전염병이 창궐하였다. 동일한 질병이 17세기까지 수백 년에 걸쳐 유럽으로 되돌아 왔다. 이러한 전염병의 유행은 유럽의 풍성한 철학적, 과학적 발전에 큰 타격을 입혔다. 하지만 그 기간 동안 중국에서

건너온 인쇄술(printing)이 유럽 사회에 큰 충격을 주었다. 책 인쇄술은 오로지 수기법으로 기록을 남겼던 유럽의 정보 전달 방법 자체를 바꾸었다. 인쇄술은 과학자들이 자신들의 발견 사실을 서로 충분하게 공유할 수 있도록 하였으며 그 결과로 과학 혁명 시대를 이끌었다.

해리 E-1 자동엔버롭인쇄기

2.5 과학 혁명(1543년~18세기)

과학 혁명은 유럽에서 우주에 관한 학습을 기초로 하여 발전하게 되었다. 그 기원은 니콜라우스 **코페르니쿠스**가 「천체의 회전에 관하여(on the revolution of the heavenly sphere)」라는 책을 출판한 1543년으로 기록된다. 이 책은 지구가 우주 회전의 중심이라고 주장한 그리스의 천문학자 **톨레미**(Ptolemy, AD 90~168)의 제안을 반박한 내용을 담고 있다.

톨레미와 일부 천문학자들은 행성들이 지구를 중심으로 원운동을 하고 있다고 믿었다. 그러나 행성들이 가끔 이 원운동 궤도를 거꾸로 움직인다는 것을 발견하게 되었고, 이것을 **역행운동**(retrograde motion)이라고 하였다. 이런 거동을 이해하자면 행성들이 지구 중심의 원운동 궤도상에만 존재하는 것이 아니라 이 동심원상에서 움직이는 어떤 행성을 중심으로 움직인다고 생각해야 하는데, 이 작은 원을 **주전원**(周轉圓, epicycle)이라고 하였다. 행성이 주전원 상에서 균일한 원운동을 하면서 움직이는 동안 이 주전원의 중심은 지구 주위를 원운동하게 된다. 이렇게 된다면 관측된 행성의 역행 운동이 쉽게 설명될 수 있다.

행성들의 세부적인 운동을 설명하려면 주전원 자체가 주전원상에 놓여 있어야 한다. 톨레미의 우주에서는 80개의 주전원들이 태양, 달 그리고 그 당시 알려졌던 5개 행성들의 운동을 설명하는 데 사용되었고, 이렇게 하여 톨레미는 천체의 운동을 설명할 수 있었다. 그럼에도 불구하고 카스티야(Castile)와 리안(Leon)의 왕인 **알폰소**(Alfonso)는

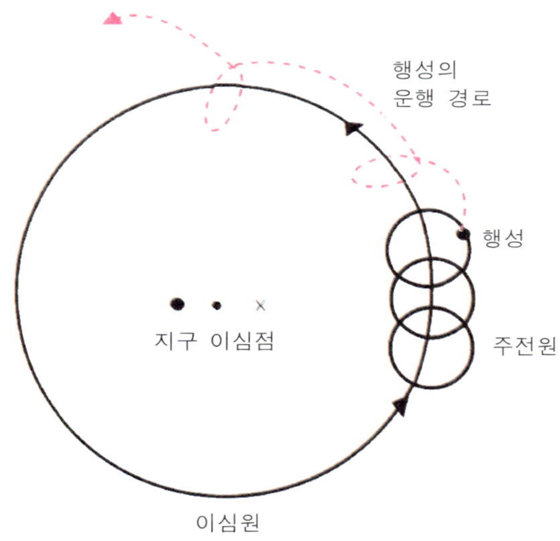

이러한 이론을 살펴보면, 행성들은 각각 일정한 크기의 원(주전원이라 함)을 따라 일정한 속도로 돌고, 이것의 중심은 이심원이라는 원궤도를 따라 일정하게 돌게 하였다. 그러면 실제 행성들의 운동은 그림과 같이 점선으로 나타난다. 지구는 이심원의 중심에서 조금 떨어진 곳에 두었다. 지구에서 바라본 행성들의 운동이 천구상에서 일정하지 않기 때문이다.

톨레미의 이 주전원에 대한 설명을 듣고 '만약 신이 우주를 그렇게 만들었다면 나에게 먼저 의논을 하였을 것이다'라고 언급하면서 몹시 당혹해 했다고 한다. 사실 톨레미 자신도 자신의 수학적인 모델은 단지 우주의 운동을 설명하거나 예측하는 곳에만 사용된다고 말하였다. 이는 즉 우주의 물리적인 운동을 설명한 것은 아니라는 것이다. 그는 자신의 이론이 아니라 관측된 우주의 운동을 완벽하게 설명할 수 있는 다른 수학적인 모델이 있을 것이라고 말하였다.

니콜라우스 코페르니쿠스(1473~1543)는 지구가 우주의 중심이라는 톨레미의 이론에 의문을 제기한 최초의 영향력을 가진 천문학자였다. 그는 태양이 지구와 다른 행성들이 원궤도를 그리며 움직이는 실질적인 천체의 중심이라고 하였다. 그러나 모델이 훨씬 간단해지긴 했지만, 그의 이론 역시 역행 운동을 설명하기 위해 주전원의 개념을 필요로 했다.

요한 케플러(Johannes Kepler, 1571~1630)는 행성들이 태양 주변을 타원 궤도를 그리며 돌고 있으며, 태양이 타원의 두 초점 중 하나에 해당한다고 주장하였다. 그의 주장에 의하면 모든 타원은 평면의 타원이고, 타원상의 모든 점에서 두 초점까지의 거리 합은 언제나 일정하며, 이 두 고정점을 **초점**(focus)이라고 한다. 케플러의 우주에서 주전원이라는 용어는 사라졌으며, 코페르니쿠스 학파에게 있어 이 사실은 매우 의미 있는 진전이었다. 케플러의 개선된 모델은 행성의 역행 운동을 포함한 모든 운동을 설명하였다.

케플러는 그의 조수였던 **티코 브라헤**(1546~1601)가 수집한 방대한 자료를 이용하였다. 브라헤는 매우 정확한 관측을 하였지만, 지구가 우주의 중심이라고 가정하였다. 그러나 케플러는 올바른 이론을 제안할 수 있는 통찰력을 가지고 있었기 때문에 정확한 관측도 중요하지만 이 관측을 논리적이고 수학적인 방법으로 설명할 수 있는 시험적인 이론을 만드는 일도 중요하다고 생각하였다. 그리고 그의 생각처럼 관측과 이론적 모델화 사이의 상호작용에 의해 현대 과학이 발전하게 된다.

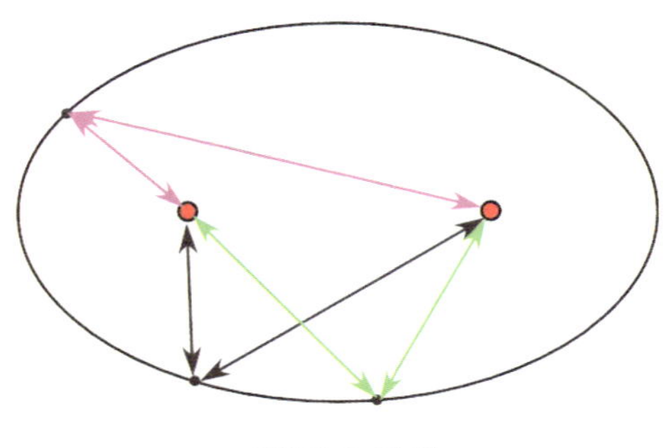

• 케플러의 타원 •

그러나 아직 풀어야 할 문제가 하나 더 남아 있었다. 지구는 태양 주변을 돌고 있으므로 매우 빨리 움직이고 있다. 따라서 우리가 점프를 했다가 떨어질 경우, 착지하는 위치는 우리가 뛰었던 위치로부터 아주 벗어난 곳이어야 한다. 그러나 사실은 그렇지 않았다. 이러한 사실을 설명한 사람이 17세기 초반에 **관성의 법칙**(law of inertia)을 발견한 **갈릴레오**(1564~1642)였다. 물체가 어떤 방향으로 등속도로 움직인다면 그 방향으로 어떤 힘이 작용하지 않는 한 같은 방향으로 동일 속력으로 계속 움직인다는 것이 관성의 법칙이다.

갈릴레오는 톨레미가 주장한 지구 중심계보다는 **태양 중심계**(sun-centered system)를 신뢰하였다. 게다가 그는 태양 중심계는 코페르니쿠스가 제안하였듯이 수학적 모델(잘못된 물리학적 공리를 갖는)이 필요 없는, 사실 그 자체를 나타내는 물리적인 모델이라고 주장하였다. 즉 태양이 우주의 실질적인 중심이라고 주장한 것이다. 이런 제안은 그의 논쟁이 천주교 교리와 어긋난다고 생각하는 로마 천주교 교회의 입장과 잘 부합하지 않았다. 교회는 그에게 자신의 생각을 포기하도록 강요하면서 가택에 감금하였다. 하지만 물리적 모델이 수학적으로 설명하는 바와 잘 부합한다는 그의 생각은 현대 사회의 과학적 발전의 밑바탕을 이루게 된다. 물리적 모델은 이 세상의 모든 움직임을 예측할 뿐만 아니라 자연을 바라보는 통찰력(insights)을 기르게 한다.

• 태양계 •

우주의 물리적 모델은 우주 만유인력의 법칙을 소개한 **아이작 뉴턴**(Isaac Newton, 1642~1727)에 의해 만들어졌다. 뉴턴은 지구와 함께 태양 주변을 선회하는 행성들은 그들과 태양 간의 중력에 의해 함께 움직인다고 했다. 뉴턴은 당대의 가장 위대한 과학자였다. 그는 많은 실험을 수행하였으며 역학이나 광학에 관한 우리의 이해를 증대시키는 데 큰 기여를 한 사람이다. 뉴턴은 1687년에 「**수학의 원리**(Principia Mathematica)」를, 1704년에는 「**광학**(Opticks)」이라는 책을 썼다.

과학 혁명 시대를 거치면서 많은 학문 분야들도 창궐하게 되었다. 1543년에 벨기에의 내과 의사인 **앤드레어스 베살리우스**(Andreas Vesalius, 1514~1564)가 「인체의 구조에 관하여(On the Fabrics of the Human Body)」라는 책을 출간하였다. 직접 인체를 해부해 얻은 결과를 토대로 한 이 책은 주로 동물들, 그 중에서도 원숭이를 해부했던 그리스의 내과 의사 **갈렌**(Galen, 129~200)의 책과 크게 비교되는 결과였다. 인간은 동물과 해부학적 구조가 다르므로 베살리우스의 저서는 그 당시 가장 정확하고 종합적인 내용을 갖추고 있었다.

1665년, **로버트 훅**(Robert Hooke, 1635~1703)은 최초로 현미경 관찰 결과를 토대로 한 「미세사진(Micrographia)」이라는 책을 출간하였다. 훅은 복합 현미경(하나 이상의 렌즈를 가진 현미경)을 고안하여서 곤충, 스펀지 그리고 코르크 등의 유기 조직 구조를 관찰하였다. 그는 코르크의 미세 구조를 설명하기 위해 '세포(cell)'라는 용어를 처음으로 사용하였다.

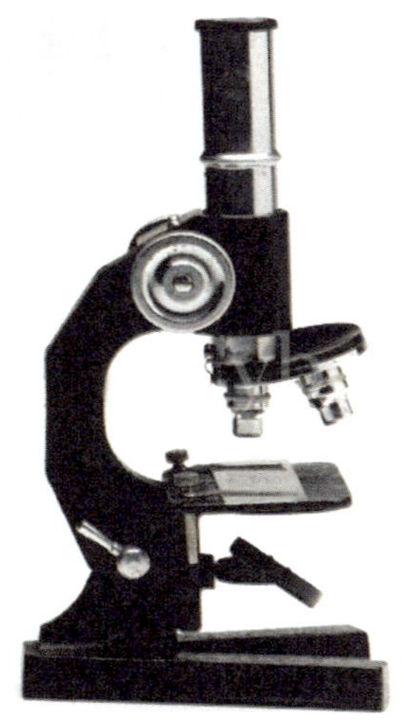

「미세사진」 출간에 고무된 독일의 무역상 **안토니 레벤후크**(Antony van Leeuwenhock, 1632~1723)는 렌즈 연마 방법을 배워서 배율이 200배가 넘는 간단한 현미경(단일 렌즈로 구성된)을 만들었다. 이 현미경은 복합 렌즈로 구성되었지만 30배의 배율에 그친 훅의 현미경보다 훨씬 강력한 것이었다. 레벤후크는 자신의 현미경을 사용하여 물방울에 들어있는 박테리아와 모세혈관의 혈구(corpuscles)를 최초로 관측하였고, 그는 생명체나 무생물의 미세 현상을 광범위하게 조사한 후 그 결과를 영국왕립학회(Royal Society of England)에 보고하였다. 당시 이 학회는 과학 분야에서 뛰어난 업적을 많이 남겼다.

과학 혁명 시대의 말기가 될 즈음에 이르자 이제 지식은 더 이상 권위에 의해 강요받지 못하고 오로지 실험에 기반을 둔 연구에 의해 아주 힘들게 축적되었다. 이러한 모든 결과들은 인문주의에 기반을 둔 철학적인 이념들과 이전 시대의 경험주의에 의해 이루어지게 된 것이다.

2.6 인문주의와 경험주의

인문주의(humanism)는 자연에 대한 이성(reason)과 과학적 탐구(scientific inquiry)를 강조하는데, 인간의 지성은 지식을 획득하기에 충분하며 인간의 경험은 신뢰성을 갖는다는 데 그 바탕을 둔 것이다. 이러한 개념은 기원 전 6세기 초반부터 시작되었다. 전기 소크라테스 학파였던 그리스의 **밀레토스**(Thales of Miletus, 기원전 624~546 경)는 초자연적 기저에 얽매이지 않고 많은 자연 현상들을 설명하는 이론들을 제안하였다. 그는 '스스로 아는 사람(know thyself)'으로 인정을 받았다. 밀레토스 이전의 그리스인들은 번개나 지진 등이 신의 힘에 의해 일어난다고 믿었었다. 그러나 밀레토스는 지진이 지구를 둘러싸고 흐르는 물이 흔들려서 발생한다고 설명하였다. 비록 그의 설명이 맞는 것은 아니었지만 지진이 자연 현상에 기인하여 생긴다고 설명한 그의 시도는 훌륭한 것이었다. 그러나 이러한 인문주의는 많은 도전에 직면하게 된다. 예컨대 17세기 초반까지만 하더라도 갈릴레오는 태양중심의 우주에 대한 그의 제안이 심판대에 올라서 그의 관측 결과에 대한 믿음과 교회의 가르침 중에서 선택을 강요받았었다.

갈릴레오는 **경험주의**(empiricism)를 실천하여 실험을 행하였다. 경험주의는 실험을 통해 얻은 감각적인 경험으로부터 유도되는 관점을 강조하는 사상이다. 아리스토텔레스 시대의 과학의 경우, 자연에 관한 결론들은 자연 현상을 관찰하여 도출된 것들이었다. 실험은 아주 드물게 이루어졌거나 아예 이루어지지 않았다. 아리스토텔레스의 '우주 법칙'은 약간 정량적이기는 하지만 결점이 많았다. 그가 주장했던 '무거운 물체가 가벼운 물체보다 더 빨리 떨어진다'는 잘못된 이론도 만약 실험이 이루어졌더라면 간단하게 수정되었을 것이다.

영국의 철학자였던 **프란시스 베이컨**(Francis Bacon, 1561~1626)은 단지 몇 번의 실험으로 너무 서둘러서 일반적인 결론에 도달하는 아리스토텔레스의 방법을 비판하였다. 그는 자신의 '참이면서 완벽한' 귀납법을 소개하였는데 그 방법은 꼭짓점(최상의 위치)에서는 가장 일반적이고 경험적인 공리를 가지면서, 바닥(최하의 위치)에서는 가장 협의의 특수한 공리를 갖는 사다리 구조를 이루고 있었다. 각 단계들은 철저한 관찰에 의해 검증이 되어야 하며, 그 다음 단계로 진입하기 위해서는 반드시 실험이 이루어져야만 한다. 베이컨의 방법(Baconian method, 귀납법을 말함)은 상세하고 조직적인 실험으로 얻어진 자료를 주의 깊게 모으고 해석하는 방법이다. 그러나 이러한 방법은 정보를 매우 조직적으로 수집할 수 있게는 하지만 가설(hypothesis)을 너무 과소평가한다는 비판을 받기도 하였다.

가설화 작업은 현상을 설명하기에 앞서 관측된 특별 사항으로부터 일반화를 축약해내는 일련의 도약(leap)을 요구한다. 과학적 발견에서 문제 해결의 돌파구를 찾으려면 상상력이 필요하다. 예를 들어, 티코 브라헤가 베이컨 학파처럼 행동을 하면서 엄청나게 방대한 양의 천문학 데이터를 모으는 동안, 행성들이 실제로 태양 주변을 타원 궤도를 따라서 움직인다고 간파한 것은 케플러의 풍부한 상상력 덕택이었다.

철학자들과 과학자들의 이러한 축적된 모든 경험들이 결국 현대 과학 탐구의 도구가 되는 '과학적 방법'의 기저를 이루었다.

2.7 과학적 방법

자, 이제 무엇이 정확하게 '과학적 방법'인지 다시 생각해 보자. 이는 실제로 여러 가지 방법으로 묘사할 수 있다.

포괄적인 내용은 관찰, 인식, 정의, 가설, 예측, 그리고 실험 등이다.

관찰(observation)은 우주의 어떤 상황을 깨닫거나 알아차리는 일이다. 즉 문제 상황이 관심을 끌 정도로 중요한가를 인지하는 것이다. 그런 다음 상황을 정의하거나 모델화한다. 그리고 그 현상을 설명하기

위해 잠정적인 설명이나 가설이 수식화되어서 다른 현상의 존재 가능성을 예측한다. 그 다음, 이 예측은 실험으로 검증이 된다.

가설(hypothesis)은 새로운 관찰에 의해 거부되거나 받아들여지거나 혹은 수정이 되기도 한다. 가설은 실험에 의해 검증되어야만 하므로 잘못일 가능성이 있다. 이런 이유로 가설은 믿음이나 신조와 차별화된다. '이것은 운명이다'라는 말은 참인지 거짓인지를 증명할 어떤 실험 장치도 꾸밀 수는 없지만 틀린 말은 아니다. 가설의 강점은 우리가 투입한 것에 비해 얻어낼 것이 더 많은 예지력(predictive power)을 갖는다는 것이다. 가설의 타당성 시험은 제한된 조건들 하에서 이루어진다. 가장 간단한 제한된 형태의 실험은 하나의 변수(독립변수)만 변화시켜 다른 종속변수들이 동시에 같이 변하도록 하는 것이다. 모든 다른 변수들은 상수(constant)로 둔다. 동일한 실험 방법을 사용할 경우, 다른 사람이 하더라도 실험의 결과는 같아야 한다.

'과학적 방법'은 이제 관찰, 가설 그리고 실험으로 요약될 수 있다. 이 간단한 일련의 과정들만으로도 많은 과학적 작업들을 충분히 수행할 수 있으며 일상의 문제들에 동일하게 적용할 수 있다.

2.8 일상생활 문제에 과학적 방법 적용하기

일상생활의 문제들도 과학적 문제와 공통성을 갖는다. 일상생활의 문제들도 해결책을 필요로 한다. 따라서 일상생활의 문제들도 과학적 방법을 적용하면 혜택을 볼 수 있다. 이제부터 일상생활 문제에 과학적 방법이 어떻게 사용되는지를 알아볼 것이다.

예 1

1장에서 논의하였던 젖은 발 문제를 다시 들여다 보자. 아버지는 딸아이의 왼쪽 발만 물웅덩이에 빠졌다는 것을 알았다. 그러므로 왼쪽 발의 신발과 양말만 젖었다는 것을 알 수 있다. 이제 먼저 왼발을 말린 후 딸아이의 오른쪽 양말을 벗겨 왼발에 신긴다. 그런 후 오른발에는 양말을 신기지 않은 채로 양쪽 신발을 신긴다. 딸아이는 만족감을 느껴 더 이상 불평을 하지 않을 것이고, 가족 모두는 놀이터를 다시 산책한다. 아이가 30분 정도 놀이터에서 시간을 보낸 후 가족은 집으로 되돌아온다.

여기서 문제점이 어디에 있는지를 아버지가 관찰했다는 점에 주목하자. 그는 무엇이 해결책이 될 것인가를 가정하였다. 그래서 시험을 해본 결과, 그의 생각이 적중했다는 사실을 알아차렸다.

CHAPTER 03

관 찰
observation

관찰(observation)은 과학적 방법의 첫 단계이다. 현상에 관한 초기 인식 과정부터 해결책을 제시하고 관찰의 결과가 중요한 순간에는 실험을 행하는 전반적인 과학적 과정 모두에 관찰은 필요하다.

일상생활에서도 역시 관찰이 중요하다. 문제가 발생하기 전에 미리 예측을 하여서 장애 요인이 발생한 후 해결책을 찾아야 한다. 게다가 우리는 항시 기회를 주시하고 있다가 개선할 수 있는 다양한 방법을 모색하여야 한다. 다시 말하자면 문제를 인식하고 그 해결책을 찾는 데 있어 관찰은 필수적이다.

김현수 씨는 2주 동안 사업차 여행을 갔었다. 그는 집으로 돌아와서 대문으로 들어설 때 문의 손잡이 나사가 헐거워져 있는 것을 알아차렸다. 그는 누군가 집안으로 들어가기 위해 이런 짓을 했다고 판단하였다. 그는 재빨리 드라이브로 나사를 죄었다. 그의 아내는 2주 동안 줄곧 이 문으로 드나들면서도 나사가 헐거워져 있다는 것을 인식하지 못하였다. 그녀는 그다지 주의 깊은 사람이 아니라서 그곳에 문제가 발생할 소지가 있음을 인식하지 못했던 것이다.

문제를 **인식**(recognition)한다는 것은 문제 해결의 시작이다. 우리는 문제 상황이 발생했다는 것을 알 필요가 있다. 이것은 쉬워 보이지만 어떤 문제들은 숨어 있어서 찾아내기가 쉽지 않다. 우리 주변의 환경에 주의를 기울이도록 훈련을 받아야 할 필요성이 여기에 있다.

관찰이 꼭 우리 눈으로 문제를 봐야 한다는 의미는 아니다. 우리는 오감을 갖고 있다. 오감에는 듣기(hearing), 맛보기(taste), 만지기(touch) 그리고 냄새 맡기(smell) 등이 있으며, 본다는 것(sight)은 단지 그 중 하나에 불과하다. 차에서 나는 소음을 들을 수 있는가? 비누는 맛이 이상할까? 손가락에 닿는 감촉이 거친 목욕타월을 사야만 할까? 오븐에서 뭔가 타는 냄새를 맡을 수 있는가?

일단 문제점을 인식했다면, 우리의 오감을 이용해 수집한 어떤 정보의 해결책을 찾기 위한 관찰이 필요하다. 정보(information)는 책을 읽거나 과거의 경험, 다른 사람과의 대화, 그리고 인터넷 검색 등과 같이 다양한 곳으로부터 얻을 수 있다. 수집된 지식들이 문제를 푸는 데 도움이 되기를 바랄 뿐이다. 이제 몇 가지 예제를 보면서 관찰이 어떻게 실생활의 문제를 해결하고 있는지 살펴보기로 하자.

예 1

소화불량(indigestion)

상호가 시러큐스 대학에 다니는 동안 큰 누나는 앤아버에 있는 미시간 대학의 사회학부 석사과정을 다니고 있었다. 어느 주말, 누나가 상호를 보러 왔다.

누나가 방문하기 전 2주 동안 상호는 하루에도 여러 번 트림을 하곤 했다. 트림이 성가시긴 했지만 상호 자신을 괴롭히지는 않았으므로 그다지 크게 신경을 쓰지 않았었다.

누나가 동생 상호와 머문지 3일째 되던 날 그녀는 동생에게 오렌지를 먹지 말라고 조언하였다. 그녀는 동생이 트림을 하면서 오렌지를 먹는 것을 보았다. 즉 그녀는 둘의 상관관계를 본 것이다. 상호는 문득 누나가 옳다는 것을 깨달았다. 지난 2주 동안 상호는 예전에 그랬듯이 하루에 오렌지 하나를 먹는 대신 하루 두 개의 오렌지를 먹었다. 오렌지 하나에 비타민 C가 50 mg 들어 있다는 사실을 어디선가 읽었던 기억을 더듬어서 그가 하루에 필요한 비타민 C의 양이 100 mg이므로 하루에 두 개의 오렌지를 먹기 시작한 것이다. 오렌지는 감귤산 성분 때문에 산성이고 자신의 위는 그것을 견디지 못한 것이다. 상호는 문제점을 인식하지 못했으며 오렌지와 트림 사이의 상관관계를 알지 못했던 것이다. 누나가 그곳에 있고 그 사실을 지적해 준 것이 행운이었다. 그는 하루에 한 개의 오렌지를 먹는 예전으로 돌아왔다. 상호의 트림은 며칠 후 멈추었다.

예 2

식단의 크리스마스 메뉴

크리스마스 약 1주일 전이었다. +아버지는 가족 네 사람의 휴일 저녁을 위해 식당으로 가족을 데려갔다. 크리스마스 시즌이었으므로 식당에서는 한 페이지 분량의 특식용 메뉴를 선보였다. 아버지는 메뉴를 살펴본 후 10대인 자기 아이들이 얼마나 주의력이 깊은지를 시험해 보고자 하였다. 그는 자식들이 아이일 때부터 문제를 푸는 훈련을 해왔다. 그는 아이들에게 메뉴판을 살펴본 뒤 그 중에서 특별히 관심이 가는 부분이 있는지 물어보았다.

딸이 메뉴판을 본 후 평소에 없던 특별한 메뉴가 이 메뉴판에 적혀 있다는 사실을 알아차렸다. 딸아이는 특별 메뉴에 나와 있는 태국 닭 카레 요리를 주문하였다. 아들은 자두즙이 덮인 돼지 갈비뼈 요리를 주문하였다.

그러나 이 특별 메뉴들은 아버지가 마음에 두고 있던 것이 아니었다. 아버지가 생각했던 것은 메뉴판 맨 밑에 적혀 있는 50달러 이상의 음식을 주문하는 고객에게 맥주회사에서 제공한다는 한 쌍의 유리잔을 선물로 받을 수 있는 선물권에 대한 내용이었다.

가족들은 음식을 주문하여 아주 즐겁게 먹었다. 저녁식사를 마친 후 아버지가 계산서를 요구했다. 팁을 포함하여 100달러가 나왔다. 아버지는 종업원에게 부탁하여 유리잔을 보여 달라고 했는데 유리잔이 아주 훌륭하였다. 아버지는 두 개의 50달러짜리 선물권을 구매하여 계산을 마치고 네 개의 유리잔을 집으로 가져왔다.

예 3

복합 비타민제

우제는 자기 집에 배달된 약국 광고용 전단지를 보았다. 약국에서는 어떤 회사의 복합 비타민을 세일 중이라고 했다. 그는 복합 비타민이 필요했으므로 약을 사러 약국으로 갔다. 복합 비타민은 종이 박스의 플라스틱 통 안에 들어 있었다. 그런데 흰 박스에 인쇄된 유효기간이 잘 보이지 않았다.

우제는 자세히 읽어보고 한 병은 이미 유효기간이 지났고 나머지도 다음 달이면 유효기간이 끝난다는 사실을 알게 되었다. 우제가 이 사실을 점원에게 알려주자 점원은 유효기간이 지난 제품을 제거한 후 나머지는 진열장에 다시 올려 놓았다.

분명히 우제는 복합 비타민 어느 것도 구매를 하지는 않았지만 약국을 떠나면서 어느 주의력이 모자라는 고객이 곧 유효기간이 도래하는 복합 비타민을 구매하지 않을까 걱정을 하였다.

문제를 풀기 위해서 우리는 정보가 필요하다. 여러분은 일반적으로 백지 상태에서 출발하여야 선입관으로부터 자유로울 수 있다고 사람들이 말하는 것을 들어본 적이 있을 것이다. 하지만 이것은 잘못된 개념이다. 무로부터 창조할 수 있는 것은 아무것도 없다.

우리가 사용하고자 하는 정보는 내적이거나 외적이다. 외적이라는 것은 그것을 발견할 필요가 있다는 것이고, 내적이란 우리가 이미 그것을 뇌 속에 담고 있지만 손에 있는 문제를 극복하기 위해 그것을 어떻게 추출해 내는가 하는 것이다. 대개 우리는 내적 정보와 외적 정보를 조합하여 사용할 필요가 있다. 우선 외적 정보(external information)에 대해 알아보자.

3.1 외적 정보

우리가 필요로 하는 데이터를 얻으려면 우리 주변을 잘 관찰하여야 한다. 예리한 지각력(perception)이 가장 중요하다. 주의력을 갖는 것에는 값을 매길 수 없다.

3.1.1 잘못된 정보(missed information)

종종 우리가 주의를 기울여야 할 정보들이 있지만 다음의 예에서 보이듯이 어떤 경우에는 우리의 주의력을 앗아가는 일이 있다.

예 4

자동차 사고

영섭은 캐나다의 콘월에 살고 있다. 어느 날 10대인 딸이 도로에서 잘못 후진하여 길 건너편에 주차해 두었던 이웃집 소유의 자동차와 부딪혔다. 이웃은 경찰에 사고를 접수하였다. 경찰이 와서 조사를 한 후 운전부주의로 6점의 벌점을 딸에게 부과하였다. 아버지 또한 나중에 600달러의 차 수리비를 지불해야만 했다.

딸아이는 차를 후진할 때 잘 관찰하지 않았다고 인정하였다. 아버지는 딸아이에게 차에 올라타기 전에 차를 후진하고자 하는 곳뿐 아니라 주변환경에 대한 관찰이 필요하다고 얘기해 주었다. 그리고 후진해 나올 때에도 정보는 수시로 바뀌기 때문에 차 뒷부분을 항시 살펴야 한다고 일러 주었다. 다른 차가 달려올 수도 있고 아이들이 도로로 뛰어들 수도 있기 때문이다. 이 특별한 예에서 볼 수 있듯이 정보를 잘 관찰하지 않거나 시간에 따라 변하는 정보를 인식하지 못한다면 비싼 대가를 치를 수 있다.

잘못된 정보는 판단이나 결심을 하는 데 도움이 되지 못한다. 불행하게도 원칙을 정하거나 실행함에 있어 좋지 못한 상황들이 존재한다. 다른 사람들이 제공하는 잘못된 정보 때문에 우를 범하는 일이 종종 있는데 다음 절에서 이것에 대해 다룰 것이다.

3.1.2 오보(misinformation)

우리는 종종 잘못된 정보나 오도된 정보를 무의식적으로나 의식적으로 받게 된다. 따라서 정보에 대해 의심이 생기면 다른 루트를 통해 그 정보를 검증해 보아야 한다. 하지만 그 정보가 시작 단계에서부터 잘못되었다는 것을 인식하지 못한다면 나중에 잘못이 밝혀질 때까지 사실로 받아들이게 된다. 몇 가지의 예를 살펴보자.

예 5

비닐 장판 설치하기

2005년 여름, 지혜는 부엌 바닥재를 새로 설치한 후 새 비닐 장판을 깔고자 하였다.

바닥재는 나무판으로 되어 있고, 보통 높이가 10 cm 정도이다.

그녀는 바닥재와 장판을 깔기 위해 리모델링 회사 사람을 불렀다. 회사에서 사람이 나와 부엌의 크기를 측정한 후 바닥재와 비닐장판의 견적서를 보여 주었다. 전체 경비는 1000달러였다.

지혜는 시공회사에서 바닥재를 깔기 전에 자신이 구입하여 칠을 해두기로 결심하고 부엌의 치수를 측정한 후 얼마만큼의 바닥재를 구입해야 할지 계산해 보기로 했다. 놀랍게도 그녀가 측정한 필요 바닥재의 치수는 시공회사 견적서에 나와 있던 76피트보다 10.1 % 더 작은 69피트였다. 그녀는 회사에 전화를 걸어서 이 차이점을 얘기하면서 바닥 시공을 위해 방문할 때 치수를 다시 측정해 달라고 부탁하였다. 인부는 지혜가 측정한 결과가 정확하다고 확인을 해주었고 결국 회사로부터 25달러라는 돈을 돌려받을 수 있었다.

1년 후 지혜 친구 혜원이는 거실 바닥 시공을 위해 동일한 회사에 부탁을 하고자 했다. 지혜는 그 회사에 대한 자신의 경험을 이야기해 주었다. 혜원이는 지혜보다 훨씬 더 계산적인 사람이었기 때문에 다음과 같은 지적을 했다. 만약 길이를 측정해서 10.1 % 더 부풀렸다면 이를 면적으로 계산하자면

$$(1+0.101)\times(1+0.101)-1\approx 0.21=21\ \%$$

만큼 더 부풀려진 것이다.

비닐 바닥재와 설치 인건비가 700달러였으므로 회사가 과다 청구한 비용은

$$0.21/(1+0.21)\times 700\text{달러}\approx 121\text{달러}$$

가 된다. 지혜는 부엌 바닥 치수를 확인해본 뒤 혜원이의 말이 옳다는 것을 알았다. 그러나 1년 전에 끝난 일이므로 회사에 불평을 접수하지는 않았다.

이 예는 오보가 소비자에게 필요 이외의 비용을 물게 한다는 사실을 보여준다. 또 이 예는 약간의 수학적인 지식은 매우 도움이 됨을 보여준다. 이에 대해서는 11장(수학)에서 더 자세하게 다루기로 한다.

예 6

안내 관광

한 부부가 태국 관광을 위해 안내 관광을 했다. 이 관광에는 한 시간짜리 태국 전통 마사지가 포함되어 있다. 단체 중 일부는 한 시간을 더 연장하여 마사지를 받기를 원했기 때문에 이 부부는 한 시간의 여유가 생겨서 옆의 건조식품(dried food) 가게를 구경하였다.

그 가게에서는 말린 소고기와 돼지고기 육포를 팔고 있었다. 테이블 위에는 맛보기용 육포가 놓여 있었다. 육포는 길이방향으로 잘라서 양념에 잰 후 70도보다 낮은 온도에서 건조시킨 것을 말한다. 육포는 태국의 진미식품에 속한다. 부부는 맛보기용을 먹어본 후 맛이 좋다고 느꼈다. 그래서 1 kg의 소고기 육포를 구입하였다. 무엇을 더 구입하여 친지들에게 선물로 줄까 고민하면서 보고 있는데 관광 가이드가 내일 관광코스에 들어 있는 '제일상회'라는 가게에서도 육포를 판매하는데 그 가게의 육포가 더 좋다고 말했다. 그래서 그 부부는 내일까지 기다리기로 했다.

다음 날 가이드는 관광객 전체를 '제일상회'로 데려 갔다. 부부는 그곳에서도 맛보기 시식을 했다. 그러나 맛도 어제 가게보다 못하였을 뿐 아니라 가격도 25 % 더 비쌌다. 그러나 친지들에게 선물하기 위해 어쩔 수 없이 그곳에서 2 kg의 육포를 더 구입하였다.

그 부부는 나중에야 가이드가 '제일상회'를 추천한 이유가 그 가게로부터 커미션을 받았기 때문이라는 것을 알게 되었다.

부부는 이 일을 교훈삼아서 다음 번에는 더 지혜로워지게 되었다. 그 다음부터는 정보가 어디로부터 나왔는지, 그리고 그 정보를 제공하는 사람이 어떤 상반되는 이득을 취하는 것이 아닌지 면밀하게 검토하게 되었다. 이 경험을 토대로 하여 몇 년 뒤 온 가족이 유럽을 여행할 때 자기들이 들은 사실에 더욱 주의를 기울이게 되었다.

예 7

호텔 아침

2007년 여름, 4인 가족이 4주 동안 유럽여행을 하기로 계획을 세웠다. 가족은 여행사에 렌터카와 호텔 예약을 부탁하였다. 각 호텔마다 방 두 개씩, 총 9개의 호텔을 예약하였다. 여행사는 모든 호텔의 아침식사를 예약할 것인지 물어왔다. 엄마는 아침식사가 그다지 필요하지 않다고 느꼈지만 아침식사가 무료라면 하겠다고 말했다. 모든 예약이 완료된 후, 여행사는 호텔 이름, 요금, 주소 및 부대시설 등에 대한 리스트를 주었다. 그 리스트에는 어느 호텔에서 아침을 무료로 주는지에 대해서도 나와 있었다.

자정이 다 되어서 베를린에 도착한 가족들은 모두 피곤하였다. 체크인을 하자 호텔 비용에 아침식사가 포함되어 있으며 오전 7시부터 서비스를 시작한다고 하였다.

아버지가 방에 들어가서 여행사의 리스트를 살펴보니 이 호텔은 아침이 무료가 아니며, 숙박비는 방 하나당 100유로라 적혀 있었다. 아버지는 안내데스크에 전화를 걸어서 숙박비에 대해 문의를 했다. 호텔 측은 방 하나당 130유로이며, 여기에는 두 사람의 아침 식사 비용 30유로가 포함되어 있다고 하였다. 아버지는 아침식사를 취소시켰다. 어떤 사람이 의도적이든 의도적이 아니든 호텔 숙박비에 아침식사를 포함시켜 버린 것이다. 가족이 네 명이고 베를린에 4일 밤을 묵을 것이므로 아침식사 때문에 가족들은 240유로(미화 350달러)를 더 지급할 뻔했다.

예 8

슈퍼마켓의 과잉칭량 상품들

영일이는 슈퍼마켓에서 쇼핑을 한던 중 닭이 $0.99/lb($2.18/kg)에 세일 중인 것을 보고 네 마리를 구입해 집으로 가져와서 냉동실에 넣어 두었다. 1주일 후, 식사 준비를 위해 해동하려고 그 중 한 마리를 꺼내다가 포장지에 닭의 무게가 7파운드라고 적혀 있는 것을 보고 놀랐다. 그는 닭의 무게가 그리 많이 나가는지 깨닫지 못했던 터라 욕실 저울로 닭의 무게를 재어 보았다. 근데 저울의 눈금은 5파운드, 즉 포장지에 적힌 무게보다 2파운드나 적게 나가는 것이었다. 다른 닭도 모두 무게를 달아 보았더니, 모든 닭의 무게는 포장지에 적힌 것보다 1에서 2파운드 더 적게 나왔다. 영일이는 어떻게 이런 일이 생기는지 의아해했다.

그 뒤로부터 그는 고기류 포장지에 적힌 무게에 매우 주의를 기울였다. 그는 여러 군데의 슈퍼마켓을 둘러보면서 고기류 무게가 과다하게

칭량되는 이유를 찾았다. 슈퍼마켓에서 상품의 무게를 달기 위해 설치해 둔 스프링 저울에 상품을 올려두고 무게를 재어서 확인해 보았다. 영일은 포장하는 직원이 상품을 디지털 저울 위에 던져 올린 후 눈금이 평형을 이루기도 전에 가격 표시 라벨 프린트 버튼을 눌렀기 때문에 과체중으로 표시가 된다고 가정하였다. 이는 뉴턴의 제 2법칙인 힘은 물체(지금은 포장된 육류)의 운동량 변화율과 같다는 사실과 일치한다.

어느 날 슈퍼마켓에서 닭다리를 $2.18/kg에 팔고 있는 것을 보았다. 닭다리는 동일한 크기의 포장지로 싸여 있었다. 대부분의 닭다리는 가격이 $5.50 정도이며 무게도 거의 2.5 kg인 반면에 그 중 하나는 가격이 $7.14이고 무게가 3.278 kg임을 표지의 라벨을 보고 알았다. 그렇지만 그 닭도 가격/kg은 다른 것과 마찬가지였음을 알 수 있었다. 실제 무게가 맞는지 궁금했던 영일이가 그 닭을 스프링 저울에 달아본 결과 라벨에 표시된 3.278 kg이 아니라 2 kg임을 알았다. 무게를 다시 확인하기 위해 점원에게 그 닭의 무게를 다시 포장부로 보내서 확인해줄 수 있느냐고 부탁했다. 점원은 의아해 하긴 했지만 동의해 주었다. 점원이 그 닭을 저울에 조심스럽게 얹은 후 가격 표시 인쇄 버튼을 눌렀다. 새 라벨은 1.958 kg이 나왔고 가격은 $4.27로 바뀌었다. 영일이는 자신이 가정했던 뉴턴의 제 2법칙이 옳다고 생각했다. 하지만 그의 추측을 증명하기 위해서는 더 많은 실험이 필요하다.

때론 큰 어려움 없이 정보를 얻을 수도 있지만 어떤 경우에는 숨겨져 있기 때문에 잘 찾아낼 필요가 있다. 다음 절에서 우리는 어떻게 숨겨진 정보를 감지할 것인가에 대해 살펴볼 것이다.

3.1.3 숨겨진 정보(hidden information)

일상생활에서 어떤 정보는 불분명하다. 소설 속의 일이기는 하지만 잘 알려진 예가 '개는 짖지 않는다(The dog did not bark)'라는 것인데 이는 셜록 홈즈(Sherlock Holmes)의 단편 중에 나오는 이야기이다.

아주 유망한 경주마가 사라지고 그 조련사가 살해당했다. 스코틀랜드 지방 형사와 셜록 홈즈가 사건 현장을 검색하였다. 형사가 홈즈에게 관심이 끌리는 특별한 점이 있는가 물었을 때 홈즈는 그날 밤 개의 특별한 행위가 의심스럽다고 대답했다. 형사는 홈즈에게 그 개는 그날 밤 아무 짓도 하지 않았다고 말했다. 홈즈는 그 말은 맞는 말이라고 했다. 개가 짖지 않았다는 의미는 침입자가 낯선 사람이 아니라는 뜻이기 때문이다.

첫 눈에 볼 때 개가 아무런 정보를 주지 않았다는 사실은 우리가 관심을 가져야 할 또 다른 숨겨진 정보라는 것을 알아야 한다.

실생활에서 숨겨진 정보와 그 중요한 예들을 살펴보자.

예 9

부은 발(swollen feet)

창식이는 부산에서 태어났다. 고등학교를 졸업한 후 미국에서 대학을 다니기 위해 부산을 떠나 미국에 정착하였다. 그의 모친은 연세가 80대 후반이므로 창식은 모친을 뵈러 1년에 한 번씩 부산으로 돌아와 3주 정도씩 머물렀다. 모친의 생신은 11월이었다. 그러므로 창식이는 11월 초에 부산으로 돌아가려고 했다. 형제 자매들이 어머니를 위한 생일파티를 하고자 했다. 모친은 연세에 비해 아주 건강한 편이셨다. 모친은 운동을 계속 하셨으며 자신을 돌보는 방법을 알고 계셨다.

2년 전 11월, 창식이는 부산으로 돌아왔다. 비행기는 밤늦게 도착하였다. 어머니의 아파트에 도착한 그는 어머니와 짧은 대화를 마친 후 곧장 침대로 향했다. 그는 아침에 전화소리를 듣고 잠에서 깼다. 숙모의 전화였다. 숙모는 "네 엄마가 나에게 죽고 싶다고 하니까 네가 잘 보살펴 드려라"라고 하셨다. 창식이는 놀라면서 왜 그러시는지 여쭤보았다. 숙모의 말로는 피부 뾰루지(skin rash)가 몸 전체에 퍼져 있고 발이 퉁퉁 부어 있으시다는 것이다. 어머니가 숙모에게 더 이상 살고 싶지 않다고 하셨단다.

만성질병(chronic ailment)은 아주 오랫동안 시달리는 질병이라는 것을 창식이도 알고 있다. 설사 그 병이 치명적이지 않더라도 너무 고통스러워 환자들이 살고자 하는 의지를 잃어버릴 수도 있다. 그러나 창식이는 의학적인 상식이 너무 없었다. 사실 창식이는 대학 1학년 때 생물학 과목은 수강을 하지도 않았었다. 생물학은 그의 관심 분야가 아니었다. 어떤 경우라도 자기 어머니는 몸관리를 잘 하시리라고 항시 믿어왔다. 그의 자형인 영식이는 부영 대학의 의사이자 교수이다. 자형은 대인관계가 좋았기 때문에 훌륭한 피부과 의사가 장모를 돌보도록 추천해 주었다. 피부과 의사는 처방전을 주고 연고를 발라 주면서 욕조에 따뜻한 물을 담고 베이비오일을 푼 후 몸 전체를 매일 30분씩 담그라고 지시하였다. 어머니는 최근 몇 달 동안 의사의 지시를 잘 따랐지만 불행하게도 그다지 큰 도움은 되지 못했다.

최근 며칠 동안 창식이는 어머니가 정상일 때보다 25 % 정도 더 부어오른 발에 연고를 바르는 것을 체념한 듯 바라보았다. 어머니가 빗질을 할 때에는 머리카락이 많이 빠졌다. 어머니는 머리카락이 빠지는 것을 보고 울부짖으셨다. 그 연세에도 어머니는 예뻐 보이고 싶으셨던 것이다. 창식이는 어머니의 만성질병에 어떻게 대처해야 할지 난감해 했다.

창식이는 어머니와 머무는 동안 대부분의 저녁을 집에서 해결하였다. 어머니 집의 가정부는 생선찜을 환상적으로 만들었다. 가정부가 만드는 생선찜은 항시 과다하게 생선찜을 조리던 외식식당의 요리보다 더 나았다. 어느 날 창식이는 어머니와 저녁을 먹다가 가사도우미가 생선의 껍질을 벗기는 광경을 목격하게 되었다. 좀 이상하게 생각하긴 했지만 별다른 언급을 하지는 않았다.

며칠 후 어머니의 피부병이 견디기 어려울 정도로 가려워졌다. 어머니는 차라리 죽는 편이 더 낫겠다고 소리치셨다. 창식이는 "어머니, 언제부터 피부병이 생기셨어요?"라고 여쭈었다. 어머니는 대략 9개월 전부터라고 대답하셨다. 창식이는 그 때 뭔가 특별한 일이 없었는지 물었다. 어머니께서는 그 당시 개업의에게서 건강진단을 받으셨고, 콜레스테롤 수치가 약간 높아서 의사가 동물의 껍질, 특히 생선의 껍질은 먹지 말라고 했다고 하셨다.

창식이는 순간 무엇 때문인지 짐작이 되었다. 그래서 어머니에게 "어머니, 이제 생선 껍질을 먹는 것부터 시작하세요. 그러면 한 달 반 정도 지나면 훨씬 좋아질 거예요. 지금 하시는 다이어트가 지방을 너무 결핍시키기 때문이에요"라고 부탁드렸다. 어머니의 콜레스테롤 수치가 높아질 위험성을 배제할 수 없지만 생선 껍질을 먹게 됨으로써 그 위험성을 줄일 수 있을 것이라고 창식이는 생각했다. 위험-혜택 분석을 통해 판단해볼 때 그의 어머니는 생선 껍질을 섭취해야 한다고 판단한 것이다.

어머니가 우연히 피부과 의사를 보러 갔다. 어머니는 의사와 고기 껍질을 먹어도 될지 여부를 재차 확인했다. 의사는 그래도 된다고 답하였다. 의사는 또 어머니가 기름진 음식을 절제해야 하지만 최근 9개월 간 그녀가 했듯이 모든 기름기를 완전히 끊어버려서는 안 된다고 말했단다. 그래서 어머니는 돼지나 닭의 껍질은 되도록 피하지만 생선 껍질은 먹기 시작하였다.

한 달 반 후, 창식이가 미국에서 어머니에게 전화를 드렸다. 어머니의 피부병은 거의 완쾌되었으며 다리 부종도 많이 빠졌다고 하셨다. 3개월 후 피부병은 완전히 사라졌으며 다리도 평상 시 정도로 회복되었고 머리카락이 빠지는 일도 거의 없어졌다고 한다.

창식이는 아주 행복했다. 자기 어머니를 살린 것이다.

예 10

가려운 피부

창식이는 가렵고 건조한 피부에 대한 경험을 갖고 있다.

그의 처제인 재영은 15년 전에 미국으로 이민을 왔다. 몇 년 후 재영은 한국에서 온 멋진 신사인 현식이와 결혼을 했다. 어느 날 재영이 놀러와서 자기 언니에게 말하길, 현식이의 온 몸에 피부병(뾰루지)이 퍼져있다고 했다. 현식이는 가족의에게 가서 피부 연고제를 처방 받아 왔다. 연고는 작은 병(80 ml)에 담겨 있었으며 가격이 30달러였다. 처제 가족은 그리 넉넉한 편이 아니었으므로 그 가격이 비싸다고 생각하였다.

창식이가 우연히 그 대화를 엿듣게 되었다. 재영이와 현식이는 지금의 아파트로 이사 오기 몇 달 전 창식이 집에서 몇 주간 머물렀다. 창식이는 현식이가 목욕을 마친 후 욕실이 사우나탕 같이 매우 습하였던 것을 기억해냈다. 창식이는 문제가 뭔지 깨달았다.

창식이는 처제에게 현식이가 샤워를 할 때 너무 뜨거운 물로 하지 않도록 하라고 시켰다. 좀 미지근한 물을 사용하고 당분간 비누도 사용하지 말라고 했다. 비누와 마찬가지로 뜨거운 물도 피부를 지켜주는 자연 기름 성분을 피부에서 제거해 버리기 때문이다.

현식이는 이 충고를 받아들였고 두 달 후 뾰루지는 모두 사라졌다.

역경에 처하여 고통을 당할 때 우리의 일상생활이나 주변 환경을 잘 관찰하는 것이 매우 중요한 해결책이 될 수 있다.

냉장고에 남겨두었던 국을 먹은 뒤 위장에 탈이 났던 일이 있었는가? 튀김 음식을 먹고 인후염(sore throat)에 걸린 일이 있었는가? MSG(Monosodium glutamate)를 조미료로 사용하는 식당에서 식사를 한 후 입 안이 건조해진 일이 있었는가? 욕조 청소용 액체 세제를 사용한 후 졸린 적이 있었는가? 방금 구입한 담요 때문에 알레르기를 일으킨 적이 있었는가?

의사들은 우리의 일상생활에 대해 정확히 알지 못한다. 그러나 우리는 이런 모든 종류의 자극제나 질병에 노출되어 있으므로 스스로가 뭘 먹고 마시고 숨 쉬는지 항상 인식하고 있어야 한다.

예 11

뮤추얼펀드 가격

뮤추얼펀드의 수익률은 1년 내지 2년 단위로 책정된다. 1년 수익률이 20 %, 그리고 2년 수익률이 5 %라면 이 펀드가 항상 이익이 되는 것처럼 보인다. 하지만 실제로는 2년의 기간 중 처음 1년 동안은 10 % 정도의 손실을 본다. 이는 근사적으로 5 %×2−20 %=−10 %로 계산이 된다(정확하게는 8.3 %이지만). 그러나 이런 정보는 잘 공개되지 않고 투자자들은 펀드가 매우 증발성이 강하다는 사실을 주지하지 못하고 있다.

통계학자들은 자신의 전문 분야에 대해 다음과 같은 농담을 하곤 한다. "통계는 비키니와 같다. 그들이 밝히는 것은 암시적이지만 그들이 숨기는 것은 싱싱한 것이다." 숨겨진 정보가 때로는 밝힌 정보보다 더 중요하다. 계약서에 깨알 같은 글씨는 무엇을 의미하는가? 그것이 우리가 구입하는 물건의 보증 내용인가?

어떤 정보는 숨겨져 있지만 알아낼 수 있는 반면, 전혀 정보를 찾을 수 없는 상황에 직면하기도 한다. 이럴 때 우리는 뭘 할 수 있을까? 다음 절에서 이것에 대해 알아보자.

3.1.4 무정보(no information)

우리는 종종 아무 정보가 없는 상황에 몰리기도 한다. 시간도 정보원도 없이 관련된 정보를 수집해야 하는 상황에 놓이기도 한다. 그래도 이 순간 여기에서 결정을 하거나 판단을 해야 한다. 우리가 참조로 할 만한 어떤 경험이라도 있는가? 다행스럽게도 때로는 그럴 것이다. 다양한 관찰을 통해 추론하는 방식으로 우리 혹은 다른 사람들이 결정을 내린 일반적인 원칙에 의존할 수도 있을 것이다. 일반적인 원칙으로부터 우리가 직면한 특수 상황에 대처할 행동을 연역적으로 이끌어 낼 수도 있다. 더 자세한 논의는 연역과 귀납을 논의하는 장에서 다루기로 하고, 우선 몇 가지 예를 들어보자.

예 12

훈제고기 샌드위치(smoked meat sandwich)

50석 규모의 훈제고기 샌드위치로 유명한 몬트리올의 한 유명 식당은 예약제로 운영되지 않기 때문에 손님들은 자리에 앉기 위해 한 시간가량 줄을 서서 기다리거나 다른 손님들과 합석을 해야 한다.

어느 크리스마스날, 아버지, 엄마 그리고 22살 된 딸이 관광을 위해 몬트리올로 갔다. 그들도 이 식당에 대한 소문을 들었기 때문에 점심을 먹으러 그 식당으로 갔다. 한 시간 가량 바깥에서 기다린 후 안으로 안내를 받아 자리에 앉았다. 그들은 메뉴를 살펴보았다. 훈제고시 샌드위치 가격은 4.95달러였다. 그들은 샌드위치 세 개를 주문하려고 했지만 딸은 큰 접시에 담긴 훈제고기의 가격은 9.95달러라는 것을 보았다. 그 고기는 빵과 함께 제공되므로 샌드위치를 만들어 먹을 수 있었다. 샌드위치를 만든다는 것은 양 쪽 빵 표면에 겨자소스를 바른 후 훈제고기를 그 사이에 끼워 넣기만 하면 되는 것이다. 이 가족은 9.95달러라는 가격이 두 개의 훈제고기 샌드위치 가격인 9.90달러와 거의 비슷한 가격이므로, 큰 접시의 훈제고기를 주문하는 것이 두 개의 샌드위치를 주문하는 것보다 더 나은가 하는 문제에 직면하였다.

식당을 방문한 것이 처음인 가족들은 큰 접시의 훈제고기 양이 두 개의 샌드위치에 들어 있는 고기의 양보다 많은지는 알 수가 없었다. 그럼에도 불구하고 그 가족은 일반적인 두 가지의 경제원칙을 생각해냈다. 첫째는 많이 살수록 단위 가격이 저렴해진다는 것이었다. 예를 들어, 화장지의 경우 6롤짜리보다는 12롤짜리가 더 경제적이다. 둘째, 상품은 일반적으로 소비자가 뭔가를 해야 할 경우가 완제품에 비해 더 저렴하다는 것이었다. 그러므로 들어가는 재료는 동일하지만 집에서 요리하는 음식이 식당보다 저렴하다.

현재 상황에서 첫 번째 원칙에 의해 딸은 9.95달러인 큰 접시의 훈제고기 양이 두 개의 샌드위치 고기 양보다 더 많을 것이라고 판단하였다. 게다가 두 번째 원칙에 의해 손님이 스스로 샌드위치를 만들 경우 식당 주방 요리사의 요리 시간을 절약해 주므로, 9.95달러인 큰 접시에 나오는 두 개의 샌드위치보다 더 많은 양의 고기가 들어있음이 틀림 없다고 생각했다. 딸은 최종적으로 하나의 샌드위치와 빵과 같이 나오는 큰 접시의 훈제 고기 하나를 세 사람의 가족 식사로 주문했다. 주문한 것이 도착했을 때 큰 접시의 고기 양이 두 개의 샌드위치 고기 양을 합한 것보다 25 % 정도 더 많다는 것을 알았다.

이 경우, 딸이 다른 방법으로 주문을 할 경우와의 차이점에 대해 어떤 정보를 갖고 있지 않다 할지라도 일반적인 원칙으로부터 연역적 방법에 의해 결론을 얻어낸 방법은 옳다. 바꾸어 말하자면 외적인 정보가 없다고 할지라도 그녀의 마음속에 이미 들어 있는 내적 정보를 이용하고자 한 것이다.

앞의 예에서 보듯이 딸은 정보를 정확히 알지는 못하지만 어떻게든 결심을 해야 한다. 그러나 사람들은 정보가 처음부터 존재한다는 사실을 몰랐기 때문에 그녀가 무엇을 놓쳤는지 모르는 것이다.

3.1.5 인식하지 못한 정보(unaware information)

세상에는 모든 것을 알기에는 불가능한 정보가 많이 있다. 그러므로 문제에 직면하였을 때 우리가 생각하는 정보가 현존하는 문제와 관련이 있는지를 살펴보아야 한다. 실제로는 연관성을 갖는 정보들이 많이 있는데도 우리가 그 사실을 전혀 모르고 있는 경우가 많다. 이런 경우 우리는 문제를 풀 수 없거나 적어도 아주 불만족스러운 해법을 갖게 될 것이다.

지식 습득의 경로(path)를 표를 만들어 살펴보면 다음과 같다.

	모른다	안다
모른다	모른다는 것을 모른다	안다는 것을 모른다
안다	모른다는 것을 안다	안다는 것을 안다

우리의 학습 과정은 빈 석판으로부터 시작된다. '우리가 모른다는 것을 모른다'에서 시작하여 반시계 방향으로 진행해 가다가 종국에는 '안다는 것을 모른다'에 도착한다. 한 예가 이 표의 과정을 쉽게 이해하도록 만들어 준다. 자전거 타는 법을 배운다고 하자. 우리가 처음 태어났을 때 우선 자전거를 본 적이 없기 때문에 어떻게 자전거를 타는지 모른다는 사실 자체를 모른다. 점점 자랄수록 다른 사람들이 자전거를 타는 것을 보면서 우리는 자전거를 탈줄 모른다는 사실을 알게 된다. 그래서 배우고자 하며 결국 그 기술을 습득하게 된다. 결과적으로 우리가 안다는 것(자전거를 탈 줄 안다는 것)을 안다. 시간이 점점 흘러가면 자전거를 탈줄 안다는 것 자체가 두 번째 우리의 특성같이 되어 버려서 우리가 자전거를 탈 줄 안다는 사실 자체를 완전히 잊고 산다. 이 시점이 '우리가 안다는 것을 모른다'는 상태이다.

우리가 모른다는 것을 알았을 때 우리는 정보를 찾게 된다. 우리가 모른다는 사실을 모를 때에는 우리가 무엇을 찾아야 할지 모르거나

우리가 찾아야 할 필요성이 있는지를 모르게 된다. 문제를 풀 때 난감한 것 중 하나가 어떤 정보가 존재하는데 '모른다는 것을 모르는 일'이다. 이런 경우 우리는 정보를 검색조차 하지 않는다. 이런 예를 살펴보자.

예 13

항공 여행(air travel)

1996년 현재 민희는 캐나다의 토론토에 살고 있다. 학회에 참석하기 위해 그녀는 비행기를 타고 도쿄로 가서 기차를 타고 센다이로 가야 한다. 학회를 마친 후 홍콩에 있는 친구를 방문하고자 한다. 그래서 그녀는 토론토에서 도쿄까지의 왕복표를 1,300달러에, 그리고 도쿄에서 홍콩까지 왕복표를 700달러에 구입하였다.

학회장에서 역시 토론토에서 온 민경이를 만났는데 우연찮게 그녀도 학회 후 여동생을 만나러 홍콩으로 간다는 것이다. 민경이는 토론토에서 홍콩까지의 왕복표를 끊으면서 도쿄를 기착지(stopover)로 선택해 1200달러를 지불했다고 한다. 그 가격은 민희가 토론토에서 도쿄까지 왕복표를 끊은 것보다도 더 싼 가격이었다. 민경이가 비행기표를 구입한 방식으로 자기가 표를 살 수 있다는 것 자체를 민희는 인식하지 못하고 있었던 것이다.

어떤 정보를 인식하지 못하고 있다는 사실에 우리가 대처할 수 있는 일이란 그리 많지 않다. 그러나 우리 주변 환경에서 눈을 떼지 않는다면 많은 도움이 된다. 다른 사람과 대화를 하는 것은 당연히 도움이 된다. 어떤 때는 다른 사람들이 심지어 우리가 꿈도 꿀 수 없을 정도로 완전히 다른 상황을 알고 있어서 어떻게 문제가 더 잘 풀릴 수 있는지에 대한 아이디어를 제공하곤 한다.

3.1.6 증거에 기인하는 정보(evidence-based information)

증거에 기인하는 의약품(EBM, Evidence-based medicine)이 1990년대에 개발되었다. 기본적 전제는 권위의식을 철폐하고 환자를 체계적으로 관찰하여 사실을 찾는 것이다. 임상실험에서 찾은 새로운 증거들은 예전에 인정되었던 치료법에 도전장을 내거나 비판을 가할 수 있다. 이런 과정을 통해 더 신뢰성 있고 안정한 치료가 이루어진다. 그리고 이러한 접근법이 의료 종사자들로 하여금 일상의 경험을 통해 최선의 연구 결과를 거두게 만든다.

예컨대 임상연구에 기인하여 EBM은 조산한 아기의 호흡기 질환을 완화시키는데 스테로이드의 혜택을 받을 수 있도록 해주었다. 성인의 경우는 스테로이드가 위험할 수 있지만 아기들의 호흡기 질환에는 좋은 효과가 있었던 것이다.

증거에 기인하는 접근법은 교육, 사회사업, 마케팅, 경영, 그리고 금융 무역 시장 등 다른 분야에서도 정보를 모으는 방법으로 적용이 되었다.

그러므로 소문에만 의존하지 말고 정보가 정확한지 여부를 판단하기 위해 항시 노력해야만 하며, 이런 모든 지식들이 우리 마음속에 잘 정돈된 상태로 저장되어 있어야 한다. 필요하면 문제 상황을 해결하기 위해 내부 정보(internal information)를 사용하기만 하면 된다.

3.2 내부 정보

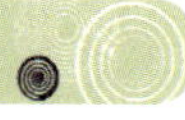

일상생활 문제를 다룰 때에는 데이터나 사실을 확보해 두는 것이 핵심이다. 불행하게도 때로는 사람들이 이미 정확한 정보를 받았거나 받았었지만 자존심이나 다른 감정적 이유 때문에 다음의 두 예에서와 같이 그 정보를 믿기를 거부한다.

감정적(emotional)

3.2.1 스스로 부정하는 정보(self-denied information)

예 14

문법 오류(grammatical error)

수지는 회사의 매니저로 일하고 있다. 그녀는 항시 메모를 해두는데, 메모를 외부로 내보내기 전 집으로 가져와서 남편인 경호의 조언을 구하기도 한다. 경호는 아내의 메모에서 문법 오류를 많이 지적해 주었다. 그러나 수지는 문법 오류는 중요하지 않고 내용의 흐름이 중요하다고 항변했다. 결국 경호는 때로는 문법 오류가 너무 심각하여 내용을 모호하게 만든다고 여겼지만 더 이상 문법 오류에 대해 조언해 주지 않았다.

어느 날 수지가 집으로 와 말하길, 자기 동료가 자신의 문장은 개선이 필요하다고 하는데 왜 그러는지 이유를 모르겠단다. 아내가 자신의 결점을 받아들이기 싫어한다는 것을 아는 경호가 해줄 수 있는 조언은 아무것도 없었다.

비판받기를 좋아하는 사람은 없지만 자신의 잘못을 인정하거나 그 사실을 받아들이는 것은 중요하다. 그렇게 하면 변화가 생기고 업무 향상이 이루어진다.

어떤 사람은 자기가 좋아하지 않는 정보는 거절하는 반면, 어떤 사람은 부분적인 정보에 집착하는 불합리한 선택을 하기도 한다. 그들은 맨 처음부터 편견을 가지고 있어서 다음 예가 보이듯이 그들이 선택하는 정보는 매우 한정적이다.

3.2.2 편견 정보(biased information)

예 15

혁신(renovation)

수경이는 실내 장식가인데, 그녀의 친구가 구입한 집의 실내장식을 수경에게 부탁했다. 수경이는 집을 멋지게 고치고 싶었다. 그녀는 다른 도급자의 제안이 자신의 아이디어와 맞지 않을 때에는 무시하거나 심지어 안정수칙을 어기기까지 했다.

수경이가 그 집의 실내장식을 위한 제품을 구입하는 기준은 효율성이나 신뢰성이 아니라 얼마나 매력적으로 보이는가 하는 것이었다. 수경은 열쇠장이가 안전하지 못하다고 하는 말을 무시하면서 모양만 아주 산뜻한 도어락을 택했다. 그 결과, 열쇠로 문을 열기가 힘이 들어 1년만에 도어락을 교체해야 했다.

그녀는 또 위쪽으로 핸들을 올리는 모델의 변기를 구입하였다. 그러나 얼마 지나지 않아 집주인은 변기물을 내리기 위해서는 핸들을 아래로 누르는 것이 더 좋다는 사실을 발견했다. 배관공이 그 문제를 해결하기 위해 변기의 물통 속 레벨을 수정해 보려고 했지만 불가능하였다.

수경이는 자신이 항시 옳다고 생각하려 한다. 그녀는 자신이 좋아하는 정보만을 선택하고 다른 사람들의 추천을 무시한다. 그러나 문제에 직면하게 되면 우리는 개방적 마음가짐을 가지고 모든 관련 정보들을 고려해야 한다. 선입관이나 감정이 우리의 결정을 좌지우지하도록 두어서는 결코 안 될 것이다.

이성적(unemotional)

우리 느낌이 판단력을 조절하게끔 두지 않고, 우리가 매우 이성적이라 할지라도 서로 다른 개념들 간의 연관성을 꿰뚫어 볼 수 있다는 의미는 아니다. 어떤 정보를 안다는 것이 그 정보를 어떻게 현존하는 문제에 적용할지를 안다는 뜻은 아니다. 즉 이들의 상관관계를 보지 못하는 것이다. 다음에 나오는 예를 살펴보자.

3.2.3 미개척 정보(unexploited information)

예 16

행위기반 원가계산(Activity based costing)

2008년 3월, 캐나다 연방정부의 회계사로 일하는 지선이 행위기반 회계(activity based accounting)라는 새로운 부서로 이동하였다. 그녀는 이 새로운 업무에 매우 흥분해 있었다. 그녀의 남편이자 과학자인 지석은 자영업을 하고 있었는데, 그는 회계 문외한의 입장에서 아내에게 행위기반 회계업무란 것이 정확하게 무엇인지 물어 보았다. 지선은 다음과 같이 설명하였다.

행위기반 원가계산은 1980년대 말에 개발된 원가계산 방법이다. 전통적인 원가계산은 직접비에 대한 전세비, 세금, 전화비 등과 같은 간접비 대비 직접비의 비율을 비용에 임의로 더하여 정한다. 그러나 제품 생산이나 서비스 제공 등이 점점 복잡해짐에 따라 이런 재래식 방법으로는 더 이상 실질적인 원가를 정확히 산정하지 못하게 되었다. 행위기반 원가계산은 원가에 대한 제품이나 서비스를 생산하는 각 행위에 원가를 할당하고 설명하고 정당화하는 것으로 오늘날 가장 정확한 원가계산 방법으로 간주되는 것이다.

몇 주 후, 지선이 그녀의 사무실에서 남편인 지석에게 아침 9시에 전화를 걸었다. 금방 사무실에 들어 왔는데 월주차권을 집에다 두고 왔기 때문에 그녀가 항시 주차를 하던 정부 주차장에 들어갈 수가 없다는 것이었다. 대신 거리 반대편의 사설 주차장에 주차를 했단다. 그래서 지석에게 집에 있는 월주차권을 그녀의 사무실로 가져와 주면 그녀가 정부주차장에 차를 주차할 수 있을 것이라고 부탁하였다. 지석은 마지못해 동의하였다.

지석은 주차권을 가져다 주면서 어떤 경로를 택하는 것이 경제적인가 고민하였다. 사설 주차장에 30분 주차하는데 2달러였지만 지선이가 이미 차를 주차했기 때문에 이 돈은 지불해야만 한다. 아침 7시부터 저녁 5시까지의 주차비는 10달러이다. 오후 5시면 지선이가 퇴근하는 시간이다. 지석이 지선이 사무실까지 운전해 가는데 20분 걸리니까 왕복에 40분이 소요된다. 왕복 운전에 소모되는 기름 비용이 7달러이다. 지석의 차의 감가상각비용과 시간 소모 등을 고려해볼 때 이 계획은 행위기반 원가계산적 측면에서 가치가 없는 일이다. 따라서 지선이 사설 주차장에 퇴근 시까지 주차를 해두고 10달러를 지불하는 것이 더 경제적이다. 지선은 지석이 그녀의 사무실까지 운전을 해서 와야 한다는 숨겨진 경비를 계산에 넣지 않았던 것이다. 그녀는 그녀의 전문 지식을 일상생활 문제와 연관시키는 데 실패한 것이다.

정보를 단순히 자신의 마음속에 넣어두는 것으로는 충분하지 못하다. 현존하는 문제에 그 정보를 끄집어내어서 적용할 수 있어야 한다. 우리가 일상생활에서 조우하는 새롭고 친숙하지 못한 상황들과 우리의 전문적 지식 사이의 관계를 잘 살필 줄 알아야 한다.

우리 마음의 저편에는 친숙하지 못하고 거의 사용하지 않는 지식들이 존재한다. 하지만 이런 지식들이 왜 미개척 상태인지 특별한 사유를 알지는 못한다. 전문 분야 이외의 부가적인 정보를 이용할 수 있다면 우리가 작업을 할 때 훨씬 우수한 화력을 보유한 셈이 된다. 다음 예에서 보이듯이 전문가와 비전문가가 더 나은 작업을 위해 서로 경쟁할 수 있다.

3.2.4 부가 정보(peripheral information)

예

욕조의 수도꼭지(bathroom sink faucets)

형훈이는 10년 된 이층집으로 이사 왔다. 이 집의 지하 욕실에는 변기와 욕조가 설치되어 있었다.

며칠 후, 형훈이는 욕조의 이중 핸들(찬물과 더운물용) 수도꼭지가 느슨해진 것을 발견했다. 형훈이가 욕조의 아랫부분을 관찰해 보니 수도꼭지와 욕조 사이의 접촉 부분에 물때가 많이 끼어 있었다. 물이 누수가 되면서 그렇게 된 것이다. 둘이 손잡이 고정 나사도 녹이 슬게 만들었다.

욕조 위 부분은 대리석으로 만들어졌으며 세 개의 구멍이 나 있다. 중간 구멍은 물을 뺄 때 사용하는 꼭지를 설치할 때 사용되는 곳이다. 양쪽의 두 구멍은 찬물과 더운물이 공급되는 파이프가 통과하기 위한 것이다. 수도꼭지를 설치한 배관공은 금속 수도꼭지와 대리석 욕조 사이에는 큰 마찰력이 존재하지 않는다는 사실을 잘 알고 두 개의 너트를 이용해 풀리지 않도록 아래위로 잘 조여 주어야 했다. 양쪽 손잡이를 고정하는 나사가 구멍보다 더 작아지면 수도꼭지 전체가 헐거워지게 마련이었다. 그런데 배관공은 접촉면 사이에 종이만 끼워 두었다.

그것만으로는 꼭지가 오랫동안 안정하지 못하다. 얼마 지나지 않아서 물이 스며들어 종이를 적시고 금속 너트가 녹슬게 되어 결국 욕조와 수도꼭지 접촉면이 헐거워지게 되었다. 더구나 이 누수 때문에 욕조 바닥까지 녹이 흘러 내렸다.

이 문제를 해결하기 위해 형훈이는 재료상으로 가서 두 개의 플라스틱 설치 너트와 두 개의 오링(고무 개스킷을 사용하여도 무방함)을 구입하였다. 수도꼭지를 분해하여 녹슨 두 개의 너트와 배관공이 끼워 둔 종이를 꺼냈다. 그리고 수도꼭지 고정용 구멍에 오링을 끼운 후 플라스틱 너트를 이용하여 고정시켰다. 마지막으로 실리콘 고무를 모든 접촉면 사이에 발라 더 이상 누수가 안 생기도록 조처를 하였다. 작업을 마친 후 수도꼭지에서는 더 이상 누수가 없었다. 형훈이는 자기가 한 일이 배관공이 한 작업보다 더 낫다고 생각하였다.

중요한 점은 우리 뇌 속에 이미 기록되어 있는 모든 정보를 다 사용해야 한다는 것이다. 우리가 잘 모르거나 친숙하지 못한 어떤 정보들을 우리에게 이롭게 할 수 있다. 축적된 정보가 충분하지 못하다면 연관된 다른 지식들을 조사해야 한다.

어떤 정보가 반드시 정확하다는 고정관념을 갖는 것에 주의해야 한다. 현존하는 어떤 정보든 많은 관찰과 특별한 가정을 통해 검증해 보아야 한다. 가설은 우리의 관찰이나 정상 상태에서 벗어나는 정도를 잠정적으로 설명해줄 수 있다. 그러나 가설을 확정하거나 버리기 위해서는 더 많은 관찰을 통해 검증을 해야 할 것이다. 다음 장에서 가설에 대해 알아보도록 하자.

CHAPTER 04

가 설
hypothesis

과학에서 가설이란 어떤 현상의 발생에 앞서 필요한 일련의 제안(proposition)을 말한다. 일상생활에서 흔히 쓰이는 용어로 이야기하자면 가설이란 가정(assumption)이나 추측(guess)이라고 할 수 있다. 이 책에서는 두 가지 개념을 모두 갖는다고 정의할 것이다. 첫 번째 정의의 범주는 문제가 처음부터 왜 발생했는지에 대해 설명하는 것이다. 두 번째 정의는 문제의 적절한 해법을 찾는 것이다.

어떤 문제는 왜 그런 일(예컨대 의료사고 등)이 일어났는지 설명하는 것이 중요하다. 또 다른 문제들의 경우, 무엇 때문에 그런 일이 일어났는지(예컨대 의료문제)는 무시한 채 어떤 문제가 발생했더라도 그 문제를 해결하는 쪽으로 나아가는 것이 중요하다.

문제의 특성에 따라서 두 가지 접근 방식이 모두 유용한데, 어떤 경우에는 첫 번째 방식이 유용하고 다른 경우에는 다른 방식이 필요하기도 하다. 이제 어떤 상황에서 그런 현상이 왜 발생을 했는지가 중요한 예를 살펴보자.

예 I

고양이의 방문(visiting cats)

한 커플이 새로운 집으로 이사를 했다. 새 집은 뒤편에 부엌이 있으며 꽃으로 가득 찬 정원을 마주 보고 있다. 부엌 식탁에 앉아 통유리로 된 벽을 통해 뒤뜰을 바라볼 수도 있다.

이사 온 며칠 후 식탁에서 점심을 먹고 있을 때였다. 아내가 고개를 돌려 정원 쪽을 바라보자 유리벽을 통해 바깥에서 자기를 바라보고 있는 고양이를 발견했다. 그녀는 고양이 공포증이 있어서 고양이를 보는 것만으로도 소스라치게 놀랐다. 다행히 그 고양이는 1분 후 그곳을 떠났다. 그 후로 2주 동안 뒤뜰 유리문에 다른 고양이들이 자주 나타나 아내를 겁먹게 만들었다.

부부는 고양이가 오지 못하게 할 몇 가지 방법을 논의하였다. 뒤뜰은 엉성한 울타리로만 둘러싸여 있었기 때문에 고양이들이 쉽게 뚫고 들어올 수 있었다. 따라서 고양이가 들어오지 못하게 하기 위해서는 나무 울타리로 뒤뜰을 둘러싸야 했다. 그러나 그렇게 하려면 수천 달러가 들어간다. 부부는 또 고양이가 도망가도록 만들 수 있는 초음파 장치같은 것이 없는지도 생각해 보았다. 부부는 그렇게 며칠 동안 여러 가지 가능성을 검토해 보았지만 경제적인 해법을 찾을 수 없었다.

며칠 후 아내는 문득 이전 집주인이 고양이를 길렀다는 사실을 기억해냈다. 그들이 집을 보려고 이 집에 들렀을 때 잠깐 고양이를 보았던 사실이 떠오른 것이다. 뒤뜰 유리문에 왔던 고양이들은 예전 친구에게 나와서 놀자고 청하러 온 것이 틀림없었다. 그 사실을 깨닫자 실제로 크게 할 일은 없었다. 고양이는 영리한 동물이다. 그들은 조만간 자기 친구가 이사를 갔다는 사실을 알게 될 것이며 친구를 보러 오는 일을 멈추게 될 것이다. 몇 주 후, 더 이상 고양이가 뒤뜰에 나타나지 않았다.

이와 같은 특별한 경우처럼, 문제의 원인을 이해하면 아무런 부가 행위가 필요 없는 일도 있다.

예 2

피부 뾰루지(skin rashes)

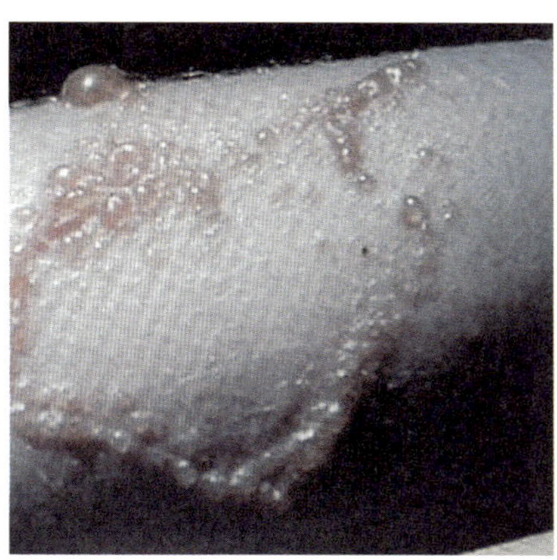

영숙이는 마카오에서 태어났다. 그녀에게는 네 명의 남자 형제와 두 명의 여자 형제가 있었다. 어머니는 영숙이가 5살 때 돌아가셨다. 아버지는 자식들을 그리 잘 돌보지 못했기 때문에 어머니가 돌아가신 후 할머니가 아이들 양육을 도맡으셨다.

영숙이가 10대였을 때, 다리를 포함한 몸 전체에 뾰루지가 났었다. 할머니는 영숙이를 의사에게 데려가 연고를 처방 받아 왔다. 그렇지만 그 연고는 별 도움이 되지 못했다. 그 후 몇 년 동안 영숙이는 동서양 의학 처방을 모두 받아 봤지만 뾰루지는 없어지지 않았다. 어느 날, 할머니는 중국 약초를 꿀에 잰 것이 있는데, 그것이 뾰루지 치료에 좋다는 얘기를 들었다. 할머니는 그 약을 구해와 영숙이의 온 몸에 발라주었다. 그러나 영숙이는 연고가 너무 끈적거린다며 싫어하였고, 그 연고는 전혀 효과도 없었다.

영숙이는 10대였기 때문에 특히 스커트를 입을 때는 자신의 뾰루지를 아주 부끄러워했다. 영숙이는 이 뾰루지 때문에 자기가 데이트를 하지 못한다고 생각했다. 영숙이는 고등학교를 마친 후, 영국으로 대학을 갔고, 놀랍게도 영국에 사는 2년 동안 전혀 뾰루지가 나지 않았다.

영국에서 대학 공부를 마친 후, 영숙이는 마카오로 다시 돌아왔다. 그 당시는 가족들이 다른 집으로 이사를 한 뒤였다. 예전만큼 심각하지는 않았지만 뾰루지들이 다시 생겨났다. 그녀의 친구 중 한 명은 식수 문제 때문일 것이라고 추측했지만 영숙은 그것이 이유가 아니라고 생각했다.

몇 주 후 영숙이는 뾰루지가 세탁기와 관련이 있다는 생각이 문득 들었다. 그녀가 영국으로 가기 전 할머니가 항상 세탁기에 누수가 생긴다고 불평을 하시곤 했던 기억이 났다. 지금은 세탁기를 새로 구입을 해서 뾰루지가 그리 심하지 않은 것이 아닐까 하는 생각이 들었다. 세탁용 세제가 완전히 씻기지 않고 세탁 후에도 남아 있는 것이 아닐까? 그 뒤로 영숙이는 세탁이 끝난 후 한 번 더 헹굼을 시켰다.

그러자 문제가 해결되었다. 뾰루지가 서서히 사라지더니 한 달 후 완전히 없어져 버렸다. 7년 동안이나 고통을 받다가 왜 뾰루지가 나는지 그제서야 이유를 알게 된 것이다.

정보는 항상 '그곳에 있다'는 사실을 명심해야 한다. 불행하게도 그 문제의 원인을 설명해줄 만한 사람이 그녀의 집에는 아무도 없었을 뿐이다. 원인을 알게 되면 문제는 쉽게 풀리게 된다.

그러나 어떤 문제는 다음의 두 예에서 볼 수 있듯이 그 원인을 알지는 못하지만 지름길을 선택하여 해결책을 바로 찾을 수도 있다.

예 3

방광 조절(bladder control)

예인은 영리한 여성이다. 그녀는 대학교를 졸업한 후 수 년 동안 초등학교 선생님으로 근무를 하였다. 그녀는 퇴임 후 주식 시황을 살펴보는 것으로 소일을 했는데, 컴퓨터는 전혀 사용하지 못하고 계산기만 겨우 사용하는 정도였다. 그녀는 주식 이름과 가격을 조그만 공책에 기록

해 두었다. 그리고 주식 가격이 오르내리는 것을 살펴보다가 오르면 팔고 내리면 사 두었다. 흥미롭게도 그녀는 주식으로 계속 돈을 벌었다.

그녀는 가끔 요가의 움직임과 명상을 조합한 타이지(Tai Chi, 중국 무술)를 연습하곤 하였다. 70대 말에는 더 이상 타이지가 힘들다고 판단하여 자신만의 운동을 생각해냈다. 그녀는 매일 아침 자신의 아파트 근처 공원에서 자신이 개발한 운동을 했다. 그녀는 항상 다이어트에 신경 쓰며 건강한 생활습관을 유지하였다.

80대 초반이었던 7년 전 쯤, 그녀의 방광에 문제가 생기기 시작하여 가끔 팬티가 젖곤 하였다. 이런 요실금 문제는 노인들에게는 흔한 질병이다. 그래서 주치의에게 갔지만 그녀가 할 수 있는 일이 아무것도 없다는 말을 들었다. 의사는 남은 여생 동안 어른 기저귀를 차는 수밖에 없다고 말했다.

그러나 그녀는 방광을 조절하는 자신만의 운동을 개발하기 시작했다. 양 발을 30 cm 정도 벌리고 서서 양 손을 아랫배에 올리고 깊게 숨을 들이쉰 후 견딜 수 있을 때까지 숨을 참은 후 뱉어낸다. 이런 숨쉬기 운동을 15번 반복한다. 그녀는 이 운동을 아침저녁으로 하루에 두 번씩 했다. 1주일 후, 그녀는 스스로 방광을 조절할 수 있게 되었다. 이런 운동을 매일 한 결과, 그녀의 요실금 현상은 사라졌다.

예인은 문제의 원인을 이해하려고 하지 않았다. 원인을 이해하는 것은 그녀에게 너무 복잡한 일이었기 때문이다. 대신에 그녀는 해결책을 찾아냈다.

예 4

일반 감기(common cold)

화섭은 1년에 한 번꼴로 감기에 걸린다. 목이 따갑다가 결국 콧물이 흐른다. 어떤 때에는 너무 심해서 겨우 숨을 쉴 수 있을 정도이다. 감기는 거의 4주에서 6주 정도 지속되면서 과정을 다 거친 후 저절로 낫게 된다. 20대에는 괴롭긴 했지만 견딜만 했었다. 30대에는 감기가 점점 더 견디기 힘들어졌다. 감기가 걸린 동안에는 회사 일도 잘 해내기가 어려웠다. 한 번은 목 따가움이 너무 심하여 병원에 갔다. 의사가 처방해준 항생제를 복용하자 증상이 즉각 사라졌다. 그로부터 감기만 걸리면 의사에게 가서 항생제 처방을 받곤 했다. 항생제는 감기 지속 시간을 3주 정도로 줄여 주었는데 이는 매우 큰 진척이었다.

어느 날, 그의 친구인 간호사에게서 항생제를 남용하게 되면 박테리아가 저항력을 점점 가지게 되어서 나중에는 항생제 처방이 어려워진다는 얘기를 듣게 되었다. 화섭은 그 말을 듣고, 처음부터 감기에 걸리지 않는 방법을 찾으려고 노력했다. 초기 증세는 사람에 따라 다르다. 어떤 사람은 코막힘(congested nose)으로부터 시작하지만 어떤 사람은 목 따가움부터 시작하기도 한다. 박테리아는 결국 사람의 코로 올라와서 콧물이 흐르게 만든다.

따라서 감기를 예방하려면 초기에 목 따가움을 없애야 했다. 그래서 그는 한 가지 아이디어를 생각해냈다. 가벼운 목 따가움이 느껴질 때 무설탕 캔디를 계속 먹기 시작했다(설탕 캔디도 같은 역할을 하지만 설탕이 이에 안 좋다는 것을 알았다). 그는 캔디를 빨 때 생기는 침이 목을 진정시키기도 하지만 침이 일부의 박테리아를 죽이는 살균제 역할을 한다고 믿었다. 목 따가움은 며칠 안에 수그러들었고 콧물로 발전하지 않았다. 심지어 콧물 증세가 있는 경우에도, 예전같이 심하지는 않았으

며 1주일 내에 증상이 사라지곤 했다. 이렇게 해서 화섭은 캔디를 먹는 것이 감기에 효과가 있음을 알았으며 그 후 13년 동안 딱 한 번밖에 감기에 걸리지 않았다.

앞의 예에서 다시 한 번 느낄 수 있지만, 문제의 원인을 이해하기보다는 그냥 해법을 찾는 것이 나을 수도 있다.

앞의 예에서 볼 수 있듯이 관찰을 하거나 정보 수집에 많은 시간을 소비하거나 아무 일도 하지 않는 대신에 가능한 한 빠른 시간 내에 생각을 해서 가설을 세우고자 노력하는 것이 더 현명할 수가 있다. 다음의 예에서 볼 수 있듯이 가설을 빨리 세울수록 다음 과정을 설정하거나 그에 따르는 부수적인 결정을 하는 데 도움이 된다.

예 5

식당(restaurant)

현민이 대학생이었을 때에는 용돈이 부족하여 레스토랑에서 식사를 하기가 어려웠다. 한 번은 친구의 생일을 맞이하여 생일파티를 하기 위해 몇몇 친구들이 음식을 잘 하기로 소문이 난 레스토랑에 갔었다. 현관문에 많은 사람들이 줄을 지어 기다리고 있어서 그들은 자리에 앉기 위해 한 시간 가량을 기다려야 했지만 그러고 싶지 않았다. 그들은 대신, 바로 옆의 다른 레스토랑에 들어갔다. 다행스럽게 그 식당은 70 % 정도만 차 있었다. 그들은 자리를 잡고 앉아서 요리를 주문했다. 그들은 주문한 음식을 먹고 나서야 이 식당에 왜 사람들이 꽉 차지 않았는지 알게 되었다. 음식이 너무 맛이 없었다. 차라리 가격도 저렴하고 기다릴 필요 없는 패스트푸드 코너에서 음식을 먹는 것이 더 나을 뻔했다고 생각했다. 현민이 나중에 친구에게 그 끔찍한 식당에 대해 얘기하자 친구도 비슷한 경험을 했다고 얘기했다. 친구는 여자 친구와 영국을 여행하던 중 배가 너무 고파서 구경을 하던 곳 주변의 식당에 들어갔다고 했다. 모든 식탁은 식사 준비가 완료되어 있었지만 손님은 아무도 없었다. 식탁 위의 컵과 접시에는 먼지가 붙어 있었다. 친구 커플은 지난 몇 달 동안 얼마만큼의 손님이 그 식당에 왔을까 궁금해 했단다.

현민은 재빨리 가설을 세웠다. '식사 시간에 식당의 자리가 반 이하로 채워져 있으면 그 식당은 이류이다.' 그 다음부터 처음 가보는 식당의 경우, 일단 안으로 들어가 한 번 훑어본다. 아무도 없거나 점심시간인데도 몇몇만 앉아 있다면 즉각 그곳에서 나와 다른 식당을 둘러본다. 현민은 다른 나라를 여행할 때에도 식당에 사람이 별로 없다면 식사를 주문하기 전에 다시 한 번 생각을 해보기로 했다.

물론 이런 가설이 정확하지 않을 수도 있다. 나중에 설명하겠지만 처음의 가설이 옳지 않다면 그 가설을 재평가하거나 폐기한 후 다른 가설을 세우면 된다. 다음의 예를 살펴 보자.

예 6

집파리(files in the house)

철수는 캐나다의 토론토에 살고 있다. 그는 몇 달 전에 새집으로 이사를 했다. 어느 토요일 날, 그는 집안에 파리 몇 마리가 날아 다니는 것을 보았다. 그는 파리를 싫어했다. 파리는 병균이 들끓는 쓰레기통에서 음식을 먹는다. 파리는 우리가 먹는 음식에 침을 토해내기도 하고 쓰레기통의 병균을 옮기기도 한다. 게다가 파리는 온 몸에 박테리아를 달고 다니는데 특히 끈적거리는 다리에 유달리 많아서, 매번 사람들이 먹는 음식 위를 걸어 다니면서 박테리아를 떨어뜨린다.

철수는 즉각 파리채를 찾아서 파리를 죽였다. 몇 분 후, 파리 몇 마리가 다시 날아다니는 것이 보였다. 그는 다시 파리를 죽였지만 파리는 또 다시 나타나고, 그렇게 한 시간 동안 파리와 씨름을 했다. 그는 한 시간 동안 파리를 거의 20마리 정도 죽였다. 그는 창문이 모두 닫혀 있었기 때문에 파리가 벽의 균열 틈으로 날아들어 왔을 것이라고 판단하였다. 그 날은 날씨가 너무 더웠고 바깥 기온이 거의 27도에 다다랐다. 철수는 중앙 제어 에어컨(건물 전체에서 제어를 해서 각 가정으로 보내주는 장치)을 켰다. 어떻게 파리들이 집안으로 들어와 에어컨을 즐기고 있는 것일까?

철수는 이웃집도 중앙 제어 에어컨을 켰다는 것을 소리를 듣고 알 수 있었다. 다음 날 이웃집에 들러 어제 집안에 파리가 날아다녔는지 물어보았다. 이웃 사람은 아니라고 대답했다.

1주일 후, 그는 집 안에 파리가 날고 있는 것을 다시 보았다. 그는 저번과 마찬가지로 그 때에도 한 시간 가량 스프를 끓이고 있었으며 가스오븐 상단의 배기팬을 틀고 있었다는 사실을 깨달았다. 파리들이 스프 냄새를 맡고 배기구를 통해 집 안으로 들어왔을 것이라는 생각이 들었다. 자세히 파리들을 관찰해 보니 파리들이 배기팬의 균열 틈으로 기어들어 오고 있는 것이 보였다.

그 이후로 그는 스프를 끓일 때 배기팬을 틀지 않았다. 대신에 스프 냄비의 뚜껑 위에 둥근 모양의 알루미늄 커버를 씌웠다. 그리고 냄비에서 나온 증기가 커버에서 응축되어 가스오븐 상단에 떨어지는 것을 나중에 닦아내었다. 이렇게 하여 증기 때문에 집이 너무 습해지는 것은 막을 수 있었다. 부엌에 냄새가 나는 것은 악취제거제를 그입하여 뿌리면 될 일이었다. 그 이후로는 집안에서 파리를 전혀 볼 수 없었다.

겨울이 되어 바깥에 파리가 없어져도 둥근 모양의 커버가 아주 유용하다는 것을 알고 나서부터는 배기팬을 틀지 않았다. 끓는 스프에서 나온 증기를 배기팬으로 내보내는 대신에 집 안에 머물게 함으로써 에너지 효율을 높일 수 있었다.

예 7

잃어버린 선글라스(missing sunglass)

민지와 그녀의 남편은 뉴욕에서 살고 있다. 어느 여름, 관광을 위해 샌프란시스코로 간 그들은 그곳에서 1주일 동안 잘 지냈다.

여행 마지막 날 아침 10시에 호텔 체크아웃을 했다. 호텔 주차장에서 민지는 자기 선글라스가 없어졌다는 것을 알아차렸다. 그 선글라스는 300달러 정도 하는 유명 브랜드 제품이었다. 그녀는 어제 식사를 했던 레스토랑에 선글라스를 두고 왔다고 생각하고 레스토랑에 전화를 걸었지만 아무도 선글라스를 보지 못했다고 했다.

뉴욕으로 돌아 온 며칠 후, 민지는 선글라스를 호텔에 두고 왔다는 것을 깨닫게 되었다. 호텔에 전화를 하자 지배인은 그녀의 선글라스를 주워 가지고 있는데 우편료를 지불한다면 보내 주겠다고 했다. 그녀는 그렇게 하겠다고 동의하였다.

며칠 후 선글라스가 도착하였다. 얇은 포장봉투를 열자 선글라스는 중간이 부러져 두 동강 나 있었다. 호텔 지배인이 두툼한 포장지로 싸서 보내지 않았기 때문에 운송 도중에 안경이 부러진 것이었다.

지나고 나서 생각해 보니, 레스토랑에서 그녀의 선글라스를 보지 못했다고 할 때 다른 가설을 세웠어야 했다. 레스토랑을 나올 때 자신이 선글라스를 들고 나왔는지, 선글라스를 마지막으로 가지고 있었던 것이 언제인지 다시 잘 생각해 봤다면 호텔방에서 잃어버렸다는 생각도 할 수 있었을 테고, 그랬다면 호텔 주차장에서 다시 호텔로 들어가 확인을 했을 것이다.

앞의 두 예에서 알 수 있듯이 첫 번째 가설이 정확하지 않다면 재빨리 그 사건을 설명할 수 있는 두 번째 가설로 옮겨 갈 수 있어야 문제를 풀 수 있다. 하지만 우리가 정확한 가설을 집어내거나 바른 가설을 발견할 가능성을 증가시킬 수 있는 방법에는 어떤 것들이 있을까? 먼저 가추법(abduction)이란 무엇인지 살펴보기로 하자.

4.1 가추법

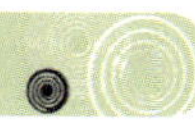

가추법(abduction)은 가설이 현상을 가장 잘 해석할 수 있는 과학적 세계에서 적용되는 추론법이다. 이 논법은 사실(facts) 사이의 인과관계를 설명하는 이론을 제공한다.

가설 A가 제안된 다른 가설들보다 일련의 사실들을 더 잘 설명한다면 A를 정확한 가설로 택한다.

가추법은 두 가지 단계로 구성되어 있다고 할 수 있다. '구성(formation)'과 그럴 듯한 가설의 '선택'이다. 이런 종류의 추론법은 의학적 진단(medical diagnosis), 자동 오류 감지(automatic fault detection), 그리고 음성 인식(speech recognition) 등과 같이 다양한 인공지능 작업에 적용되어 왔다.

이처럼 몇 가지의 가설을 세울 수 있지만, 결국에는 우리가 관찰한 것을 가장 잘 설명할 수 있는 하나의 가설을 택하게 된다. 선택된 가설은 현존하는 이론과 부합해야 한다. 물론 이것이 현존하는 이론의 정확성을 가장 중요하게 생각하는 것은 아니다. 현존하는 이론이라도 새로운 실험적 증거와 일치하지 않는다면 수정되거나 폐기되어야 하기 때문이다. 그러나 일단은 문제를 간략하게 하기 위해 현존하는 이론을 옳다고 가정하자. 선택된 가설은 이론과 부합하여야 하고 다른 가설들보다 관찰 사실을 더 잘 설명해야 한다. 틀렸을 때 지불해야 할 비용과 맞았을 경우의 혜택 또한 고려해야 한다. 통계학에서는 실질적으로 맞지 않는 가설을 받아들이는 것을 **형식 I의 에러**(Type I error)라 하고, 정말 참일 때 거부하는 것을 **형식 II의 에러**(Type II error)라고 한다.

일상의 문제에서 옳은 가설을 세우기 위해서는 다음의 두 가지 요소가 유익하다. 첫 번째는 다양한 학문 분야에 관한 상식이 필요하며 생물학, 물리학 그리고 화학 등의 과학에 관한 약간의 기초 지식이 도움이 된다. 두 번째는 다양한 개념들 간의 관계를 빨리 인식할 수 있도록 스스로 연습해야 한다(10장 '관계(relation)'를 참고하라). 알고 있듯이 우리의 지식은 매우 제한적이다. 그러므로 우리가 친숙하지 못한 정보를 포함하여 우리가 가진 모든 지식을 탐색하는 것이 중요하다. 그런 뒤 우리 마음 속에 다양한 연상 형태로 존재하는 관념들을 결합하여 결과를 이끌어내야 한다.

가설은 그것이 정말 옳다는 것을 보여줄 확정(confirmation)을 필요로 한다. 가설을 증명하기 위한 실험도 필요하다. 다음 장에서 실험에 대해 논의하겠지만, 그 전에 많은 일상의 문제들이 실험(엄격한 과학적 견지의 실험)이 불가능하다는 것을 말해 두고자 한다. 그럼에도 불구하고 가설화(hyperthesizing)는 문제의 일부를 해결할 수 있게 해준다. 이 방법은 우리가 낯선 환경에 처했을 때 특히 유효하다. 우리가 모든 영역의 지식을 가질 수는 없다. 특정 영역에 친숙한 사람에게는 대단하지 않은 일일 수도 있지만, 친숙하지 못한 상황에서는 광범위한 추측(guess)을 통해 문제의 해결책을 찾아야 한다. 때로는 아주 황당한(crazy) 아이디어가 유효하기도 하다. 다음의 예를 살펴보자.

4.2 광범위한 추측

예 8

형편없는 요리(lousy dish)

4인 가족이 레스토랑에 갔다. 그들은 4인용 저녁 메뉴 세트를 주문했다. 엄마는 특별 메뉴판에 추천 메뉴로 나와 있는 계절 생선 요리를 추가로 주문하고자 했다. 엄마는 생선 요리를 주문하기 전에 종업원에게 그 요리가 어떤지 물어보았다. 종업원은 자기도 남편과 같이 저번 주말에 먹어 보았는데 아주 훌륭했다고 했다. 그래서 엄마는 4인 저녁 메뉴로 생선 요리를 주문했다.

생선 요리가 나오자 가족 모두는 생선의 맛이 아주 형편없고 게다가 타기까지 했다는 것을 알았다. 종업원이 먹었을 때 맛있었던 요리가 왜 형편없어 졌을까? 아버지는 한 가지 가설을 세웠다. 아주 작은 식당이기

때문에 요리사가 단 두 명인데, 그 중 한 사람은 실력이 좋지만 다른 한 사람은 실력이 좋지 않다. 요리를 주문받자, 저녁 세트 메뉴를 실력이 좋지 않은 요리사가 맡기로 했다. 세트 메뉴는 보통

표준화되어 있으므로 그다지 큰 기술이 필요하지 않았기 때문이다. 같은 요리사가 생선 요리도 만들었기 때문에 맛이 형편없게 된 것이다. 무릇 모든 바다 요리가 훌륭한 요리 솜씨를 필요로 하듯이 생선 요리도 훌륭한 요리사가 맡아서 했어야 했다.

몇 주 후, 그 가족은 그 식당에 다시 갔다. 그들은 4인용 저녁 메뉴 세트를 주문하면서 바닷가재(lobster) 요리도 함께 주문하였다. 하지만 남편은 아내에게 이번에는 두 요리를 별도로 주문하라고 했다. 그러면 세트 메뉴는 실력이 안 좋은 요리사가 만들 것이고 바닷가재 요리는 실력이 좋은 요리사가 만들 것이라고 생각했기 때문이다. 아내는 남편의 의견에 동의하였고, 세트 메뉴를 주문한지 5분 정도 지난 후 바닷가재 요리를 따로 주문하였다. 바닷가재 요리가 나오자 맛도 아주 좋고 요리 상태도 적당하다는 것을 알 수 있었다.

예 9

관광 버스(tour bus)

2006년 5월, 철민과 영희는 다목적지(multi-destination) 관광 패키지로 여행을 갔다. 그 중 한 관광지가 중국에서 아름답기로 유면한 황산(Yellow mountain)이었다.

식사를 마친 어느 아침, 일행은 호텔을 떠나 에어컨이 갖춰진 관광버스를 타고 황산 관광을 시작했다. 여행은 약 한 시간 반 정도 걸렸다. 버스에 승객은 75 % 정도만 타고 있었으며 대부분의 승객이 앞쪽 자리에 앉아 있어서 뒷자리는 거의 비어 있었다.

버스의 에어컨은 최대로 작동하고 있었고, 좀 복잡하기는 했지만 앞쪽에 앉은 승객들은 쾌적함을 느끼고 있었다. 그러나 공간이 여유롭기는 하지만 뒤쪽에 앉은 승객들은 춥다고 느꼈다. 스웨터와 재킷이 좌석 밑 가방 속에 들어 있었지만 꺼내기가 쉽지 않았다. 자명한 해결책은 머리 위 수화물 선반이나 승객의 좌석 위에 설치된 공기 송풍구 노즐을 잠그는 것이었다(두 개의 좌석마다 하나의 승객용 송풍구가 배치되어 있음). 버스 뒷편에 앉은 사람들은 송풍 노즐을 어느 방향으로 틀더라도 찬공기의 양이 변하지 않는다는 사실을 깨달았다. 조절기가 고장이 난 것 같았다. 그래서 몇 번 시도해 보다가 모두 포기하고 말았다.

철민과 영희는 뒤에서 세 번째 좌석에 앉아 있었다. 그들도 좌석 위의 노즐에서 찬 공기가 나온다는 것을 알고 있었다. 영희는 철민에게 어떻게 하면 좋을지 물어 보았지만 철민은 별다른 방법을 찾지 못했다. 철민도 송풍 노즐을 막을 수도 줄일 수도 없다는 사실을 알아 차렸다.

철민은 개인별로 에어컨을 끄고 켜는 장치가 의도적이든 의도적이지 않든 처음부터 작동하지 않았음을 깨달았다. 그렇다면 어떻게 해야 할까? 그가 할 수 있는 유일한 방법은 찬 공기의 흐름을 막는 것이다. 주의력이 있는 철민은 창문에 커튼이 쳐져 있는 것을 발견하고 한 가지 아이디어를 냈다. 그는 커튼을 들어 올려 노즐을 가리도록 한 후 커튼의 끝을 머리 위 선반 화물로 향하게 했다. 커튼이 노즐에서 나오는 찬 공기를 막아주었기 때문에 두 사람은 더 이상 춥지 않았다. 다른 승객들도 이들의 아이디어를 보고 곧 따라했다.

내부가 어떻게 동작하는지 알 수 없거나 설사 동작을 시켰더라도 어떻게 동작하게 되는지 알 수 없는 상황은 아주 많다. 하지만 가정을 함으로써 어떻게 문제를 해결할 것인가에 대해 아이디어를 낼 수 있다. 다음의 예는 게임에서 기회란 완전히 운에 의한 것이 아니라는 것을 보여주기 위해 자기 아들이 게임에서 이기도록 지시하는 아버지의 이야기를 해볼 것이다. 예리한 관찰과 적절한 가설은 재미있고 가치가 있다는 사실을 알게 될 것이다.

예 10

Water squirting game

「교역시장의 재정과학(Science of Financial Market Trading)」이라는 책을 쓴 저자는 놀이공원에서의 물총게임 경험담에 대해 설명하고 있다.

10년 전, 우리 가족은 홍콩을 방문한 적이 있다. 5살배기 아들과 놀이공원에 갔다. 놀이공원의 게임 중 하나는 10명이 벌이는 물총 게임이었다. 각자는 물총을 갖고 있으며, 자신의 바로 앞 1 m 전방에 위치한 나무로 만든 광대의 입에 물총을 겨냥한다. 물은 모든 피스톨과 동시에 연결이 되어 있어서 방아쇠를 당기면 물총이 발사된다. 물이 광대의 입 속으로 들어가면 입과 연결된 튜브를 따라 공이 올라오기 시작하며, 공이 튜브의 끝까지 먼저 차오르게 하는 사람이 승자가 된다. 우리는 몇 번의 게임을 보면서 서 있었다. 가장 왼쪽에 자리한 사람이 항상 이겼다. 물이 왼쪽에서부터 공급되어 다른 물총으로 들어가기 때문에 가장 왼쪽의 수압이 제일 세고 오른쪽으로 갈수록 약해진다고 가정하였다. 아버지는 이런 추측을 아들에게 이야기해 주었다. 그러나 우리는 직접 게임을 해보지는 않았다.

캐나다 오타와로 돌아온지 1년쯤 지난 후, 우리 가족은 놀이전시회에 갔다가 유사한 게임을 보았다. 상품에는 바닷가재도 있었다. 주최

측은 처음으로 바닷가재를 상품으로 내걸었다고 했다. 우리 아이들은 바닷가재를 갖고 싶어 했다. 아들은 제일 왼쪽 좌석에 가서 앉아 게임을 시작하였지만 게임에 졌다. 우리 가족은 잠시 게임을 중단하고 지켜보기로 했다. 몇 게임을 지켜보는 동안 항상 중간에 앉은 사람들이 이긴다는 것을 알게 되었다. 홍콩의 공원에서 본 것보다 많은 19명이 앉아서 게임을 하고 있었다. 아버지는 물이 중간에서부터 올라와 양쪽으로 공급된다는 사실을 파악하였다. 그래서 아들을 중간에 앉게 했다. 아이는 네 게임 중 세 게임을 이겼다. 아이들도 아버지도 무척 좋아했다. 분명히 임의(random) 게임이지만 결국은 임의가 아니라는 것을 깨달을 수 있었다.

종종 매끄럽지 못하고 부자연스러운 가설이 미해결 문제의 일부를 해결하거나 기존의 상황을 혁신할 수 있다. 모든 시대를 걸쳐, 과학의 확고한 가정 중 하나는 다음과 같다.

일련의 관측자들이 광원과, 일정 속력으로 움직이면서 광원으로부터 나오는 빛의 속력을 측정한다면 그들은 모두 같은 속력을 측정하게 될 것이다.

이는 상상이 불가능하다는 견지에서 볼 때 반직관적(counter-intuitive)이며, 완벽하게 고전 역학과 모순된다. 이러한 사실이 **아인슈타인**에 의해서만 제안되었다는 사실은 그다지 놀라운 일이 아니다. 이런 생소한 내용이 물리학의 혁명을 가져온 **특수상대성이론**(Special Theory of Relativity)이다.

4.3 앨버트 아인슈타인 

특수상대성이론은 아인슈타인이 1902년부터 1905년까지 스위스의 특허청에서 3급 기술전문가로 근무할 때 여가 시간을 이용해 개발한 이론이다. 아인슈타인이 어떻게 광속이 일정하다는 가설을 세우게 되었는지 알아보기 전에 먼저 아인슈타인이 만든 두 가지 기초 원칙에 대해 살펴보기로 하자.

아인슈타인이 주장한 첫 번째 원칙은 '모든 물리 법칙은 자동차가 정지해 있을 때에나 움직일 때에나 그 자동차 안에서는 동일하여야 한다'는 것이다. 이는 어떤 실험을 하더라도 완전한 정지 상태나 등속 운동을 감지할 수 없다는 의미이다. 그가 상대성이론이라 부른 이 원칙은 실제로는 뉴턴이 1687년에 출판한 「수학의 원칙(Principia Mathematica)」에 설명되어 있던 뉴턴의 법칙으로부터 수정·유추된 원칙이다.

두 번째 원칙은 '진공에서는 광원의 움직임과 무관하게 빛이 일정 속력 c로 움직인다'는 것이다(우리는 다음의 논의에서 c의 단위를 km/sec로 둘 것이다. 하지만 단위는 현재의 논의에서 그다지 중요하지 않다).

두 가지 원칙 모두 부정확해 보이기는 하지만 이 원칙들은 중요한 결과를 도출한다.

자동차의 한복판에 램프가 있다고 가정하자. 최초에 이 램프는 완벽한 정지 상태에 놓여 있다고 하자. 어느 시점에서 램프가 순간적으로 번쩍 하며 펄스 빛을 왼쪽과 오른쪽으로 내보냈다. 빛의 속력이 왼쪽과 오른쪽에서 측정된다. 그러면 두 경우 모두 값이 c임을 알 수 있다.

이제 자동차가 10,000 km/sec의 등속력으로 오른쪽으로 움직인다고 하자. 어느 시점에서 램프가 번쩍 하며 펄스 빛을 왼쪽과 오른쪽으로 내보낸다. 자동차 내에 위치한 두 실험자 중 A는 오른쪽, 그리고 B

는 왼쪽에서 펄스 빛의 속력을 측정한다. 이제 질문은 'A와 B에 대한 상대적인 펄스 빛의 속력 값은 어떠할까?'이다

아인슈타인의 두 번째 원칙에 의하면 빛의 속력은 광원의 운동과 무관하다. 이제 자동차가 오른쪽으로 등속으로 움직이고 있기 때문에 A는 오른쪽으로 움직이는 빛이 자신에 대해 $c-10,000$ km/sec의 속력으로 움직인다고 느낄 것이고 B는 왼쪽으로 움직이는 빛이 자신에 대해 $c+10,000$ km/sec의 속력으로 움직인다고 느낄 것이다. 물론 이것은 사실이다.

하지만 이러한 결론은 아인슈타인의 첫 번째 원칙과 모순된다. 어떻게 이런 일이 가능할까? A와 B는 자동차 안에서 동일한 실험을 했으므로 그들은 동일한 결과를 얻어야 한다. 그러므로 A와 B는 모두 같은 광속 c를 측정해야 한다.

결론은 자동차의 속력이 아무리 빠르더라도 자동차 내에 위치한 관측자는 항상 c를 광속으로 측정하게 된다는 것이다. 이렇듯 혁신적인 아인슈타인의 가설과 부수적인 이론들은 결국 물리학의 패러다임을 바꿔 놓았다.

혁신적인 결과를 도출하려고 한다면 과감한 가설을 세워야 한다는 것을 이 예에서 볼 수 있다. 게다가 절대진리라고 여겨지는 일부 원칙들도 시험대에 올려야 한다. 특별한 예로, 모든 사람들이 따라야 할 상대성원칙이 있다. 이 원칙들은 새로운 아이디어를 찾아서 문제를 해결하도록 우리를 안내한다.

깨지지 않는 어떤 규칙에 대한 또 다른 예를 살펴보자. 만약 누군가가 영구 운동기관(perpetual-motion machine)을 발명했다고 하더라도 이는 열역학 법칙에 위배되므로 그 유용성을 조사하는 데 시간을 할애할 필요가 없을 것이다.

다른 측면에서 보면, 다양한 문제 상황을 답습하면서 쫓아가는 원칙들도 존재한다. 이는 우리가 친숙하지 못한 영역을 살펴보고자 할 때 특히 중요하다. 이 원칙은 일반론에서 특수론까지 다양한 추론을 필요로 한다. 이에 대해서는 8장 '귀납법과 연역법'에서 자세하게 다룰 것이다.

가설이 현실에서 실제로 작용하는지를 테스트해 보아야 하듯이 '과학적 방법'의 실험 무대를 먼저 살펴보자.

CHAPTER 05

실 험

experiment

과학에서 실험이란 가설의 정당성을 조절된 조건 하에서 시험하는 것을 말한다. 일상적인 용어로 말하자면 실험이란 아이디어의 시험이다. 이 책에서는 이 두 가지 개념을 모두 사용할 것이다. 첫 번째 정의의 범주에서는 관찰에 관한 설명이 정확한지 여부를 확인한다. 두 번째 범주에서는 해결책으로 제시된 아이디어가 유효한지를 점검할 것이다.

과학적 노력의 일환으로서, 실험은 보통 하나의 변수(종속변수)가 다른 변수(독립변수)와 어떤 관계를 가지고 변하는가에 관한 가설을 시험한다. 실험을 할 때, 독립변수가 유일하게 가변시킬 수 있는 변수임을 명심하여야 한다. 그렇게 해야지만 실험이 적절하게 제어되고 있다고 할 수 있다.

과학적인 장점을 가지기 위해서는 실험이 재현성을 가져야 한다. 즉 동일한 실험이 다른 사람에 의해 독립적으로 이루어져도 재현성이 있어야 한다. 일상생활에서도 우리는 종종 과학적 개념(예컨대 요리)으로 실험을 한다. 그러나 대부분의 경우, 그 아이디어가 문제의 해법이 되는지 여부를 검사한다는 생각으로 실험을 한다. 하지만 아이디어가 해법이 된다면 그 실험이 재현성을 가질 필요는 없다. 다음의 예들을 보면서 이 두 가지 형태의 실험에 대해 알아보자.

예 1

남성 발기부전(male impotence)

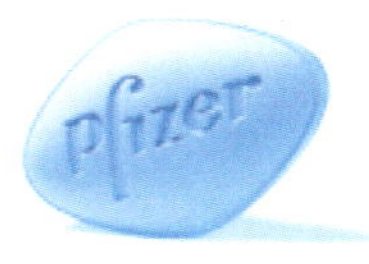

1990년대 말, 한 제약회사가 발기부전 치료제 V-알약을 출시했다. 어느 실험에 의하면 발기부전은 나이가 들수록 증가하다가 45세 경에는 대부분의 남성들이 경험하는 일이다. V-알약은 성행위를 하기 1시간 전에 복용해야 하는데 대략 4시간 정도 지속된다. 장호 씨는 50대 말에 자신이 이 약 없이는 성행위를 할 수 없다는 것을 알았다.

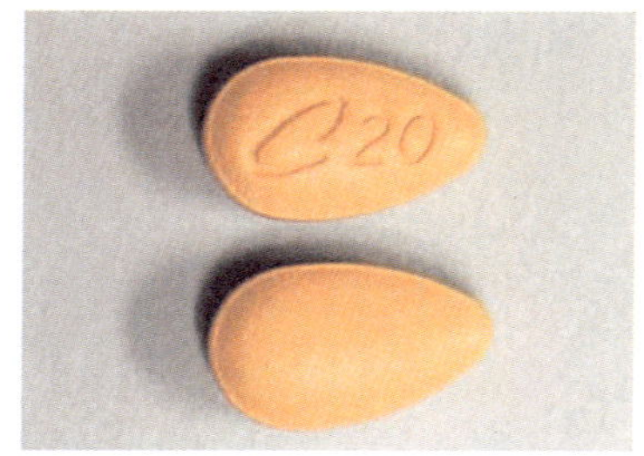

5년 후, 다른 제약회사가 또 다른 발기부전 치료제 C-알약을 출시하였다. C-알약은 36시간 정도 지속되었는데, 한 알에 10.5달러인 V-알약보다 10 % 정도 비싼 11.5달러에 팔렸다. 가격은 10 % 정도 비싸지만 지속 시간은 거의 9배 정도 더 길다. 장호 씨는 '비용:혜택 분석(cost-benefit analysis)'을 한 후 C-알약으로 바꾸었다.

그는 제약회사가 처방한 대로 C-알약을 복용하다가 24시간 동안 두통에 시달렸고, 의사와 이에 대해 의논하였다. 의사는 이런 약들은 신체의 혈류(blood flow)를 증가시키는 경향이 있으므로 두통을 수반할 수밖에 없다고 말했다. 자기 환자들 중 일부도 비슷한 역효과를 경험하고 있지만 크게 신경쓰지 않는 듯하다고 말했다. 그의 환자 중 한 사람은 성행위를 할 수 있다면 두통 정도는 문제가 안 된다고 했다고 한다. 그렇지만 장호 씨는 두통이 매우 심각하게 여겨졌다.

2주 후 장호 씨는 아주 친한 친구인 해일 씨와 점심을 먹었다. 장호 씨는 자기가 경험한 두통에 대해 얘기했다. 해일 씨는 그 얘기를 듣고서 반 알만 복용해 보라고 권유했다. 장호 씨는 친구의 의견이 참 좋은 아이

디어라는 생각을 하면서 왜 자기는 그런 생각을 못 했을까 하고 의아해했다. 해일 씨의 권유대로 반 알만 먹었더니 24시간 정도 약효가 지속이 되었고, 그래도 이틀 연속 성행위가 가능했다. 그는 이 간단한 아이디어로 두통을 해결했을 뿐 아니라 한 달에 50달러라는 돈을 절약할 수 있었다.

나중에 반에 반 알만 먹어봤더니 4시간 정도 약효가 지속되었다. 그 다음 2/3를 먹고 얼마나 지속되는지 살펴보았더니 제약사가 말한 지속시간 만큼 약효를 볼 수 있었다.

예 2

요리(cooking)

요리는 실험을 할 수 있는 많은 기회를 제공한다. 사실 요리를 한다는 것은 실험을 하는 것과 거의 동등하다.

과학 실험에는 물체, 화학 복합물, 혹은 생물체 등이 실험 대상으로 이용된다. 그런 뒤 샘플을 준비한다. 화학, 생물학, 역학, 전기, 자기 또는 광학 장치들이 실험 과정으로서 샘플에 적용된다. 그리고 전기장 같은 변수들이 변화하면서 다양한 결과를 양산한다.

이와 유사하게, 요리를 할 때에도 고기와 같은 재료들을 선택한다. 재료를 다듬고 양념을 바르기도 하고, 항아리, 팬 또는 도자기 등 요리 기구를 이용하여 요리법에 따라 음식을 조리한다. 여러 가지 양념을 추가하고 온도와 가열 시간 등을 바꾸어주면 여러 가지 다른 요리가 만들어진다.

고기 요리의 경우, 고기를 얼마나 익혔는가에 따라 요리가 달라진다. 소고기의 경우 '설익은(rare), 중간 정도 익은(medium), 그리고 잘 익은(well done)'으로 구분한다. 그러나 돼지고기나 닭, 특히 생선 요리는 '순한(mild), 촉촉한(moist), 그리고 부드러운(tender)' 맛으로 구분한다. 너무 익히면 건조하거나 딱딱하거나 질기게 되고 너무 설익으면 박테리아들이 완전히 죽지 않아서 건강에 해가 될 위험이 있다.

특히 생선 요리는 솜씨가 좋아야 한다. 조리 시간이 종종 30초 이내로 조절되어야 적절하게 조리가 되는 경우도 허다하다. 포를 뜨거나 작게 썬 다음 굽거나 튀기는데, 맛을 보거나 적절하게 익었는지 확인해 가면서 조리를 한다. 하지만 생선은 크기나 모양, 그리고 무게가 너무 다양하기 때문에 적절한 조리를 하기 힘이 들고 적당한 부드러움을 갖기 위해서 얼마나 오랫동안 익혀야 할지 잘 모르는 경우도 허다하다. 고기찜을 하는 경우 요리사들은 보통 고기를 충분히 익혀 버리는데 그 이유는 덜 익어서 손님들이 요리를 더 익혀달라고 하는 일이 없도록 하기 위해서이다. 어느 식도락가의 경험에 의하면, 그가 식당에서 먹었던 생선찜의 95 %는 너무 익힌 것들이었다고 한다. 따라서 적절하게 찐 생선을 먹고자 한다면 집에서 직접 시간과 온도를 조절해 가면서 실험을 해 보아야 한다.

해운이는 캐나다에 살고 있는데, 매년 홍콩에 계시는 엄마를 만나러 간다. 해운이도 엄마처럼 생선찜을 좋아한다. 엄마 집의 가사도우미인 인순 씨는 생선찜 요리를 매우 잘한다. 항상 570 g 정도로 일정한 무게가 나가는 고기를 사와서 같은 주방 기구에 넣고 가스오븐의 온도 조절 버튼도 같은 위치에 두고 정확하게 6분가량 요리를 한다. 해운이가 홍콩에 있는 동안에는 엄마와 같이 매일 생선찜을 먹는다.

해운이는 캐나다로 돌아와 엄마 집 가사도우미가 만든 요리를 해 보고자 했다. 그러나 해운의 집에는 전자레인지밖에 없다. 전자레인지는 가스오븐처럼 높은 열을 내지 못할 뿐 아니라 순간적으로 온도를 조절하지도 못한다. 그렇지만 해운이는 생선은 중간 세기의 불에서 익히면 된다고 생각했기 때문에 가스오븐이 없다는 사실에 크게 신경 쓰지 않았다. 중간 세기의 불을 사용하

면 센 불에서 할 때보다 시간을 더 길게 하면 된다고 생각을 했다. 해운이는 680 g짜리 생선을 잘 익히려면 9분이 필요할 것이라고 여겼다. 그러나 몇 번을 시도해 보았지만 생선이 매번 뻑뻑하고 질겼다. 그는 왜 그런지 이해가 되지 않았다. 조리 시간을 줄여보기도 했지만 그러면 생선의 중간이 덜 익어서 제대로 요리가 되지 않았다.

그는 매번 생선을 찐 후, 접시 안에 50 cm^3 가량의 물이 남아 있는 것을 보았다. 그는 뚜껑에 있는 증기구멍으로 빠져 나가던 증기 중 일부가 다시 접시에 물로 응축되어 남은 것이 아닐까 생각했다. 그리고 자신의 추측이 맞는지 확인하기 위해 접시에 고기를 넣지 않고 전체 조리 과정을 되풀이했다. 놀랍게도 9분 후, 접시에는 단지 1 cm^3 가량의 물만 고여 있었다. 대부분의 증기는 뚜껑의 증기구멍을 통해 나가버렸다. 그러므로 생선을 찔 때 접시에 남아있던 물은 생선에서 나온 것이며, 생선에서 물이 많이 나올수록 생선이 더 뻑뻑해진다는 것을 알게 되었다.

해운이는 왜 그런 일이 일어나는지 깨달았다. 열이 근육을 줄어들게 만들어서 섬유질로부터 물을 짜내는 원인이 되고 따라서 생선을 뻑뻑하고 딱딱하게 만드는 것이었다. 140 F(60 ℃)에서 160 F(71 ℃) 사이의 온도에서는 50 % 이상의 물이 빠져나온다. 그러므로 생선을 조리할 때에는 온도를 높게 해주어 가능하면 물기가 적게 빠져나오게 하면서 고기가 빨리 익을 수 있도록 하는 것이 핵심이다.

따라서 해운이는 전자레인지의 온도를 매우 높게 해서 생선을 8분만에 요리했다. 그 결과, 생선찜이 훨씬 부드러워지고 맛도 좋아졌다.

고기를 오븐에 굽거나 바비큐할 때에도 이와 똑같이 높은 온도를 사용해야 한다. 두 요리 방법 모두 고온에서 처리해 주면 오븐에서 요리하는 것보다 부드럽고 즙이 많은 요리가 가능하다. 오븐에서 굽는 온도는 보통 350 °F로 정해지지만 브로일 온도는 550 °F까지, 그리고 바비큐는 600 °F까지 온도가 올라간다. 그러나 브로일이나 바비큐 모두 온도가 한 쪽에서만 공급되므로 요리 시간의 절반 정도는 고기를 뒤집어 주어야 골고루 익게 된다. 그리고 고기의 두께를 가능하면 균일하게 해 주어야 같은 시간에 요리가 될 수 있다.

볶음 요리에서도 고온 원칙이 적용된다. 고기는 한 입 크기 정도로 작게 자른다. 밑이 둥근 철판(웍(wok)이라 함)을 400 °F까지 가열한다. 그 다음에 웍의 끝단에 식용유를 조금 붓는다. 생강이나 마늘 같이 마른 양념을 이어서 넣는다. 양념 냄새가 풍기면 고기를 넣은 다음 저어준다. 볶음 요리는 고온에서 이루어지므로 고기의 크기가 불에 타지 않을 정도로 커야 하지만, 그와 동시에 가능하면 육즙이 적게 빠져나오도록 빠른 시간 안에 요리될 수 있을 정도로 크기가 작을 필요도 있다. 볶음 요리는 짧은 시간 안에 이루어지므로 향료나 질긴 부위는 사용하지 않는다.

예 3

눈 부유물(eye floaters)

5년 전 어느 날 아침, 일환 씨는 잠에서 깨어 눈을 뜨자마자 눈 안에 이물질이 들어간 느낌이 들었다. 그 이물질은 조그마한 점이나 구름 같은 것으로, 눈 안에서 어른거렸다. 그것은 사실 우리 눈 안을 채우고 있는 젤리같은 액체 속의 조그마한 겔 덩어리였다. 이 방해물은 아주 거추장스러웠으며 특히 독서를 할 때는 더 심했다.

그는 왜 이런 부유물이 생긴 것인지 궁금했다. 어떻게 겔 덩어리가 갑자기 생긴 것일까? 아니면 지난 달에 무슨 일이 있었나?

그 때는 11월로, 할로윈 축제(10월 31일)가 2주 지난 때였다. 할로윈은 10월 31일 밤을 축하하는 풍습이다. 아이들은 전통 복장을 하고 캔디를 모으기 위해 가가호호 방문을 한다. 가게에서는 아이들에게 캔디를 나누어주려는 사람들에게 캔디를 판매한다.

할로윈이 끝나면 가게들은 남아있는 캔디를 세일한다. 어떤 가게는 초콜릿 캔디를 50 %까지 할인한다. 일환 씨는 초콜릿을 아주 좋아했기 때문에 여러 묶음의 초콜릿을 구입했다. 그리고 지난 10일 간 하루에 약 50 g의 초콜릿을 먹어 왔다. 눈의 부유물이 이 초콜릿 때문일 가능성은 없을까?

그는 이 가정을 시험해 보기 위해 초콜릿 먹는 것을 그만 두었다. 부유물은 며칠 안에 사라졌다. 그 일이 있은 2주 후, 일환 씨는 안과의사에게 검사를 받았다. 의사에게 자신에게 있었던 증상을 설명했다. 그러나 의사는 초콜릿과 부유물은 무관하다고 했다. 그래도 일환 씨는 다시 눈 안에 부유물이 생길까 걱정이 되어 예전처럼 초콜릿을 많이 먹지는 않았다. 그는 초콜릿이 부유물과 관련 있다는 자신의 가정을 믿고, 혹시 먹더라도 가능하면 20 g 이상의 초콜릿을 먹지 않았다. 그리고 그의 생각대로 그 이후로는 한 번도 그런 증세가 나타나지 않았다.

과학적 조사 방법을 따르려면, 일환 씨는 예전과 같이 많은 초콜릿을 다시 먹으면서 눈에 부유물이 또 생기는지 확인해 보아야 한다. 몇 번의 반복 실험을 통해 부유물을 만드는 것이 다름 아닌 초콜릿이라는 것을 확인해야 한다. 초콜릿 먹는 양을 바꿔가면서 어느 정도의 양이 부유물을 재발시키는지 알아보아야 한다. 물론 환경이 허락한다면 그렇게 해보겠지만 그런 실험을 하기에는 눈이 너무 불편할 것이다.

실생활에서 이런 실험은 아주 드물게 발생한다. 우리는 종종 가설대로 이루어지는지 확인하고, 이루어진다면 그 문제가 해결되었다고 생각한다. 만약 이루어지지 않으면 다른 가설을 세우고 다시 시험을 해 본다.

때로는 전혀 상관 없을 것 같은 아이디어가 문제를 해결할 수도 있다는 사실을 기억해야 한다. 수탉이 아침에 일어나면 우는 것이 이런 경우이다. 매번 닭이 울면 해가 뜬다. 따라서 닭은 자기가 해를 뜨게 한다고 여겨 매우 자랑스러워한다. 그래서 울기 위해 매일 아침 정해진 시간에 일어나는 것이다.

그러므로 우리는 가설을 인정하기 이전에 그 정당성에 대해 잘 검사해야 한다. 우리가 믿는 가설이 미래의 현상을 설명하지 못한다면 자신의 가설을 고집해서는 안 된다. 대신, 현재의 가설을 수정하거나 새롭게 만들어 다른 설명을 할 수 있도록 만들어야 한다.

예 4

레스토랑에서의 저녁식사(restaurant dinnertime)

지민 씨는 영국 런던에 살고 있는데, 매년 남동생 지환 씨를 만나러 홍콩에 간다. 남매는 다른 가족들과 함께 자주 외식을 한다.

지환 씨는 음식감정가(food connoisseur)이다. 그는 음식에 관해 탁월한 식별력을 갖고 있다. 음식비평가가 어떤 레스토랑을 추천하면, 그 식당

에서 5달러짜리 음식을 맛보기 위해 26달러라는 택시 요금도 불사한다. 자기 입에 음식이 맛있다고 여겨지면 18명이 앉는 테이블의 식사 비용 2,300달러도 개의치 않고 지불한다.

홍콩 사람들은 입맛이 매우 까다롭기 때문에 홍콩에는 좋은 식당들이 많이 있다. 저녁 시간에는 일반적으로 메뉴에 나와 있는 음식부터 연회용 코스 메뉴까지 다양하다. 연회용 코스 메뉴는 보통 생일이나 결혼식 같은 특별한 경우에 주문한다. 음식이 주방장에 의해 짜여지므로 각 코스별 취향이 다르고 요리의 조합을 통해 훌륭한 맛을 경험할 수 있다. 어떤 이유에서든 모든 음식을 먹을 수 있는 충분한 인원만 예상이 된다면 사람들이 단지 주문한 하면 연회를 열 수 있으므로 아주 일반적인 개념으로 자리를 잡아가고 있다. 연회는 보통 10가지 이상의 코스로 구성된다. 연회는 보통 약간의 차가운 고기 요리와 야채로 이루어진 전채(前菜, hors d'oeuvres, 오르되브르, 수프 전에 나오는 가벼운 요리)에서부터 시작된다. 이어서 스캘럽(scallop), 새우, 샥스핀(shark fin soup), 닭, 오리 그리고 생선 등의 다양한 앙트레(entrees)가 나온다. 끝은 국수나 튀긴 살, 디저트 그리고 과일 등으로 마무리된다. 각 코스는 독립적으로 준비된다. 즉 다음 요리는 손님들이 현재 식탁에 놓인 음식을 다 먹은 다음에 제공된다. 아주 고급 식당에서는 각 코스마다 손님이 먹은 접시를 새 것으로 바꾸어 주어, 코스 요리의 음식 맛이 섞이지 않도록 한다.

레스토랑의 명성은 그 식당이 어떤 종류의 연회를 준비할 수 있는가에 달려 있다. 홍콩에는 적절한 가격에 좋은 연회를 열 수 있는 레스토랑이 많이 있다. 이런 식당들은 저녁시간 대에 매우 분주하다. 따라서 원하는 시간에 자리를 예약하기가 매우 어렵다. 레스토랑은 저녁시간 대에 6시와 8시, 두 타임으로 나누어 손님을 받아 이윤을 극대화한다. 대부분의 사람들이 8시보다는 6시에 예약하기를 원하는데, 그 이유는 8시 예약을 하게 되면 주문하고 기다리는 시간 15분가량까지 포함하여 너무 배가 고파지기 때문이다. 식당에서는 손님이 정각에 도착할 것을 요구하며, 늦게 도착하면 식사를 하지 못할 수도 있다.

대부분의 다른 손님과 같이 지환 씨도 6시에 자리를 예약하고 정시에 도착하였다. 10인에서 12인이 앉을 수 있는 식탁에 앉아 연회용 음식을 주문했다. 주문한지 몇 분이 지나자 전채요리가 나왔다. 그런 다음 코스 요리가 2~3분 간격으로 나오기 시작하였다. 2~3분은 대부분의 손님들이 한 가지 요리를 먹기에는 짧은 시간 간격이다. 지민 씨는 지환 씨와 저녁 외식을 할 때마다 이런 일을 겪는다. 지환 씨가 요리가 너무 빨리 나오는 것에 대해 불평을 하면 가져 나오던 요리를 주방의 준비대에 도로 갖다 두었다가 잠시 뒤 다시 가져 나온다. 그렇지만 이것은 지환 씨가 원하는 바가 아니다. 왜냐하면 음식은 금방 만들어야 제 맛이 나기 때문이다. 지환 씨는 종업원에게 각각의 음식이 적어도 10분 정도의 시간 간격을 두고 나와야 한다고 여러 번 부탁을 하였다. 하지만 번번이 무시당해 지환 씨는 상당히 언짢아하고 있다.

지민 씨는 지환 씨에게 성낼 필요가 없다고 얘기한다. 이런 상황에서 그는 어떻게 해야 할까? 주방에서 요리를 해서 나오기 때문에 자기는 어떻게 할 수가 없다는 것이다.

그러다가 지민 씨가 한 가지 아이디어를 생각해내 실행해 보기로 했다. 지환 씨를 포함한 가족 전체를 저녁식사에 초대하여 연회 요리를

주문하기로 한 것이다. 그녀는 가설을 세웠다. 그녀는 주문이 폭주하는 6시 경 부엌의 요리사들은 매우 바쁠 것이라고 추정하였다. 종업원들은 요리 주문이 들어오면 얼마나 많은 주문이 더 들어올지 모르기 때문에 자기들이 받은 주문을 최대한 빨리 처리하고자 한다. 이것이 종업원을 서두르게 만드는 이유이다. 그렇지만 지민 씨가 색다른 아이디어를 냈다. 그녀는 모든 사람이 6시에 도착하여 둘러 앉아 대화하도록 하였다. 그리고 6시 30분 경 주문을 넣었다. 그 시간에는 주방 요리사들이 극도로 바쁠 때이므로 더 이상의 주문을 받을 수 없을 것이라고 예측하였다.

첫 요리가 10분 정도 후인 6시 40분경에 나왔다. 나머지 코스 요리들은 몇 가지 마지막 요리가 함께 나온 7시 50분까지 10분 간격으로 나왔다. 마지막 몇 가지 요리가 함께 나올 즈음에는 식구들이 벌써 배가 부른 상태였으므로, 별다른 신경을 쓰지 않았다. 그들은 결국 8시 반에서야 식사를 마치고 식당을 떠났다. 원칙적으로, 그들이 8시 이전에 식사를 마치고 떠나야 다음 8시 손님을 받을 준비를 할 수 있다. 그러나 일반적으로 사람들은 8시 식사가 너무 늦다고 느끼기 때문에 8시 예약에는 여분의 식탁이 있으므로 종업원들이 6시 손님을 서둘러 몰아내지는 않는다. 그러나 8시에 그 식탁의 예약이 완료됐다고 해도 그렇게 했을 것이다.

지민 씨의 철학은 한 상황에 대해 불평을 계속하는 것은 바람직하지 못하다는 것이다. 실제로 일어날 일에 대한 가설을 세운 뒤 실행에 옮기는 것이 중요하다. 친숙하지 못한 환경일 경우, 이 방법이 반드시 옳다고는 할 수 없지만 전혀 아무 일도 하지 않는 것보다는 낫다.

예 5

주식시장 훈련(training the financial market)

증권거래사들이 시장 변동 상황을 보여주는 모니터를 주시하고 있다. 그들은 시장에 개입하거나 빠져나올 때 어떤 전술(tactics)을 사용한다.

1998년, 혜윤 씨는 갑작스런 투자 매니저의 전화를 받았다. 그는 'S&P 미래'의 주가를 예측할 수 있는 매매법을 고안했다고 했다. 그는 과거 20년 동안의 데이터에 적용해본 결과, 자기가 고안한 방법이 아주 수익률이 좋다는 것을 알 수 있었다는 것이다. 이제 자기가 할 일은 최적화된 방법을 순순히 따르기만 하면 된다는 것이다. 그가 자신이 시작하고자 하는 펀드에 그녀도 동참할 것인지 물어봤다.

혜윤 씨는 매니저에게 석 달 후 다시 전화를 해서 그 펀드가 어떻게 진행되고 있는지 말해 달라고 했다. 5개월 후, 매니저는 전화를 해서 어제 자기가 아주 큰 이익을 얻었다고 했다. 초기 투자에 비해 얼마만큼의 이득을 본 것인지 물었다. 저쪽에서는 아무런 대답이 없었다.

혜윤이는 초기 투자 비용 대비 수익률이 생기면 다시 전화를 하라고 말했다. 매니저는 전화를 하지 않았다. 당연히 그의 아이디어는 실패한 것이다.

예 6

침묵의 경매(silent auction)

청식 씨는 캐나다에서 제일 큰 헬스클럽 체인의 회원이다. 회비도 적정 수준이고 연회비를 한꺼번에 지불하지 않고 회원의 계좌에서 2주일에 한 번씩 자동이체할 수 있도록 하고 있다.

그가 자주 가는 오타와 지점에서는 매년 2월에 연례 자선행사를 열고 그 수익금을 자선단체에 기부해 오고 있다. 2007년에는 2월 12일(월요일)에 시작하여 2월 18일(일요일)에 끝이 나는 침묵경매를 자선행사 주제로 잡았다. 침묵경매의 일부는 개인 트레이너의 레슨도 포함이 된다. 좋은 예 중 하나가 800달러에 해당하는 1년간의 레슨비용을 자선행사에 내놓은 것이다. 경매 출발은 300달러에서 시작한다. 경매에 참가하기 위해서는 참가자의 이름, 전화번호, 그리고 테이블 위에 놓인 경매 신청서에 경매 가격을 적어서 모든 사람이 볼 수 있도록 올려 두어야 한다.

청식 씨도 1년 회원권 경매에 관심이 있었다. 그래서 직원에게 경매가 끝나는 정확한 시간을 재차 확인해 보니 일요일인 2월 18일 오후 6시란다. 오후 6시는 모든 헬스장이 문을 닫는 시간이다.

경매는 마감 시간이 정해져 있으므로 누가 승자가 될지는 자명하다. 제일 마지막에 경매가를 적어 넣는 사람일 것이다. 이것이 청식이가 생각했던 점이다.

그래서 청식이는 헬스장에 2월 18일 4시 반 경에 도착하여 1시간가량 운동을 한 후 5시 45분에 경매장으로 가서 경매 신청서에 1년 회원권의 가격을 500달러로 적어 넣었다. 지금까지의 경매 가격이 490달러였기 때문이다. 그런 뒤 탈의실로 가서 옷을 갈아입었다. 탈의실에서 나왔을 때 시간이 6시 1분이었고 그 때까지 남아있는 사람은 경매 관리 종업원뿐이었다. 경매 결과를 보니 자기가 제일 마지막으로 경매 가격을 적어 넣은 경매 신청인이었다. 자신의 이론에 따라 그는 승자가 된 것이다.

그 다음 주, 청식 씨는 클럽의 연락을 기다리고 있었다. 아무런 연락이 없자 그는 클럽으로 갔다. 클럽 보조매니저에게 가서 1년 회원권의 경매 최종가가 얼마인지 물었다. 경매는 끝이 났고 종료 시간은 2월 18일 오후 6시였다고 했다. 그는 다시 정말 종료 시간이 6시였는지 물었고 보조매니저는 그렇다고 답했다. 청식 씨가 최종 낙찰가는 얼마였는지 물어보자 510달러라고 답하였다. 경매 신청서를 좀 보여 달라고 요청했다. 보조매니저는 잠시 망설이다가 최종 낙찰자의 이름만 숨긴 채 신청서를 보여 주었다.

청식 씨는 보조매니저에게 2월 18일 6시 1분에 최종 경매 신청가를 보았을 때 최고가는 자신이 적은 500달러였다고 말했다. 보조매니저가 말하기를, 사무실은 6시에 종료되지만 다른 회원은 남아있을 수도 있고 그들이 원한다면 경매에 참가할 수도 있기 때문에 510달러가 최종 낙찰가로 정해진 것이라고 했다.

청식 씨가 생각하기에는 전체 과정이 약간 모호하였다. 이 경매는 공개경매이므로 모든 사람이 최종 낙찰자의 이름을 알 수 있도록 하는데 왜 보조매니저가 최종 낙찰자의 이름을 가리고 자기에게 보여줬을까? 그래서 청식 씨는 런던과 온타리오에 소재하는 본부에 이 사건의 진상

조사를 의뢰하는 전자메일을 보냈다. 본부에서는 오타와 지점의 매니저에게 그 사실의 조사를 지시하였다. 매니저는 본사에 답신을 보내면서 이 일은 보조매니저의 단순한 실수에서 기인한 것이라고 했다. 침묵경매의 종료 시간은 2월 18일 오후 6시가 아니라 그날 밤 자정, 즉 2월 19일(월요일)이라는 것이다(오후 12시는 클럽이 문을 닫는 시간이다).

청식 씨는 답변이 너무 우스꽝스럽다고 생각했다. 그래서 다시 본사와 매니저에게 답신을 보냈다. 그는 종료 일자가 매니저가 말한 2월 19일이 아니라 2월 18일이라고 적힌 안내서가 경매 테이블 옆에 붙어 있었던 것을 정확하게 기억하고 있었다. 이는 다른 회원들에 의해 증명된 분명한 사실이었다. 게다가 보조매니저는 종료 시각이 2월 18일 오후 6시임을 재차 강조했었다. 사실 매니저가 경매 신청서를 최종 집계한 것은 월요일 아침인 2월 19일이었다.

그 전자메일에 대한 답은 본사에서도 매니저에게서도 없었다. 며칠 후 청식 씨가 매니저에게 경매 신청서를 다시 볼 수 있는지를 물어보았고, 이미 다 폐기됐다고 했다. 청식 씨는 해야 할 더 중요한 일들이 많이 있었기 때문에 이에 대해 더 이상 추궁하지 않기로 결심하였다.

이 예는 아이디어는 그냥 아이디어일 뿐 실생활에 적용되지 않을 수도 있다는 것을 보여준다. 일반적으로 경매 시간 직전에 적어 넣은 경매가가 최고 경매가일 것이라고 생각할 것이다. 그러나 경매 신청서가 정당하게 취급되지 못하거나 주최측이 불법 경매를 보고도 못본 척 하는 경우에는 방법이 없다.

종종 우리가 어떤 아이디어를 도출해내고 그 아이디어가 성립하지 않을 이유가 없다고 믿는 경우가 있다. 그러나 슬프게도 우리가 경계하지 않았거나 완전히 우리 능력 밖인 방해 요인들이 많이 있다. 교수들은 자신의 대학원생들에게 '훌륭해 보이는 많은 아이디어들이 단지 논문상의 일일 뿐'이라고 말하고는 한다. 대학원생들은 나중에 그 말씀들이 정말 옳았다는 것을 느끼게 된다. 학생들은 아이디어들로 가득

차 밤새 깨어 있다가, 대부분의 아이디어가 시험을 해보는 순간 효과가 없다는 것을 알게 된다.

비록 많은 아이디어들이 효과가 없어져도 이런 아이디어들만이 차별화를 이끌어낼 수 있는 것이다. 단지 10 % 정도의 아이디어만 효과를 보더라도 전혀 아이디어를 내지 않은 것보다는 훨씬 낫다.

5.1 실험과 가설

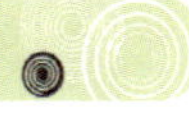

우선 과학적 조사나 일상생활의 문제를 풀기 위한 실험을 하기 전에 반드시 가설이 있어야 하는 것은 아니라는 사실을 강조해 두고자 한다. 실험이 먼저 수행된 후, 가설이 만들어지기 이전에 관측이 이루어질 수도 있다. 그럼, 과연 어느 시점에 가설이 만들어져야 할 것인가? 수많은 데이터를 모으고자 가설을 제안하기 이전에 그 데이터를 분석해야 할까 아니면 어떤 실험 데이터도 얻지 못한 상태일 때 가설부터 먼저 제안을 하여야 할까? 최소한의 가능한 데이터를 가진 상태에서 가설이 만들어져야 한다고 본다. 그리고 최소한의 시간과 자원을 가지고 해결책을 찾거나 설명을 할 수 있어야 한다. 즉 가능한 한 빠른 시간 안에, 그리고 최소한의 노력으로 목표를 얻어야 한다.

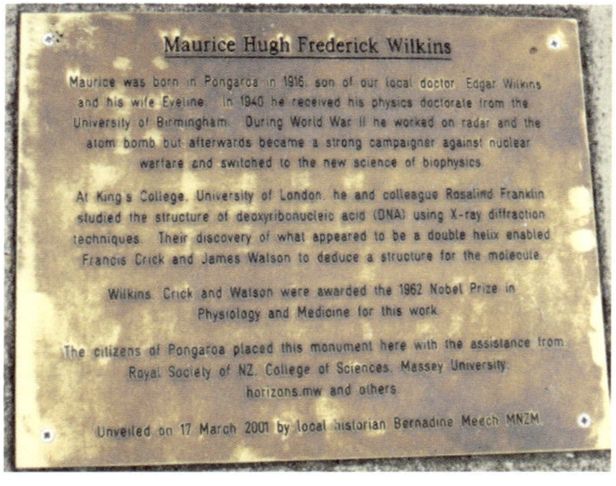

과학 탐구에서 빠른 시간 안에 가설에 도달한 예는 1953년에 이룬 DNA의 기본 구조 발견이다. DNA는 미스터리였으며 누구나 시도해 보고 싶은 사람들은 쉽게 구할 수 있는 것이었다. 런던 대학의 윌

킨스(Maurice Wilkins)와 프랭킨(Rosalind Frankin)은 DNA 분자의 X-선 회절사진을 찍느라고 분주했다. 더 많은 실험 데이터를 모아야 DNA 구조에 관한 모델을 만들 수 있기 때문이었다. 동 시대에 캠브리지 대학의 왓슨(James Watson)과 크릭(Francis Crick)은 이미 충분한 데이터를 가지고 있다고 믿었다. DNA 구조는 추측 작업과 아이들 같이 직접 모델을 꾸며보면서 발견될 수 있었다.

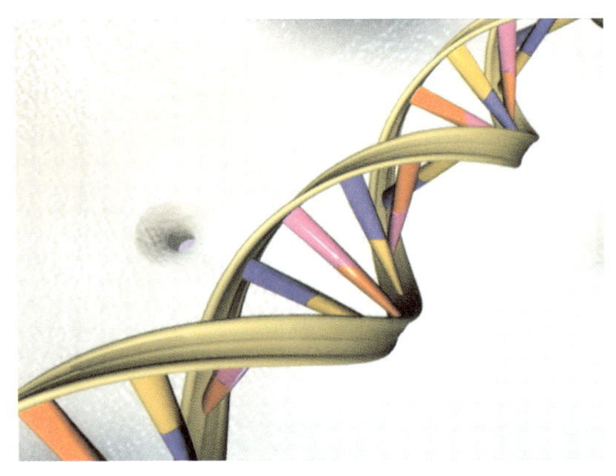

몇 번의 시행착오 끝에 DNA 구조의 해답인 이중 나선 구조를 발견하였다. DNA 구조를 발견한 것은 20세기의 중요 발견 중 하나로 인정되는 일이다.

가설을 세우는 일은 우리의 뇌를 부지런히 사용하도록 만드는 능동적 과정(active process)이다. 이것은 우리로 하여금 생각하도록 강요하여 설명이나 해결책을 내놓도록 만든다. 가설로부터 나오는 예측(prediction)은 더 많은 관찰과 실험을 하도록 만들어서 그 가설의 진실 여부를 확인하게 만든다. 설사 틀렸더라도 가능성에서 그 부분을 제거하게 만들기 때문에 여전히 유용한 것이고 또 다른 부분을 검색하도록 만들어 준다. 가설 세우기는 우리를 최종 목적지로 안내하는 가이드 역할과 같다. 그러나 가설은 세심하고 꼼꼼한 실험을 통해 타당성이 검증되어야 한다. 다음 절에서 가설과 실험 사이의 균형을 이루어가는 과정을 살펴볼 것이다.

5.2 플라톤, 아리스토텔레스, 베이컨 그리고 갈릴레오 학파

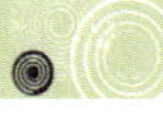

• 플라톤 •

소크라테스의 교수법을 완성한 플라톤(BC 427~347)은 '실체(reality)는 영원불변이고 인간의 마음으로부터 유일하게 추론되는 것이지 우리의 감각적 경험에 의해 이루어지는 것이 아니다'라고 주장하였다. 그는 우리의 감각적인 느낌은 우리를 속일 수 있다고 믿었다. 그는 우리가 지식을 가지고 태어났기 때문에 진실에 접근하기 위해서는 다른 사람들과 앉아서 생각하고 토론을 해야 한다고 확신했다.

• 아리스토텔레스 •

플라톤과 달리 아리스토텔레스(BC 384~322)는 감각적인 경험으로부터 나오는 경험주의(empiricism)를 믿었다. 이것은 과학적 탐구의 초기 단계에서 가설을 세우는 데 많은 기여를 했지만 불행하게도 그는 그의 가설을 추가적인 관찰을 통해 확인하려고 하지 않았다(예컨대 여자는 남자보다 이의 개수가 더 작다고 주장하는 실수 등). 게다가 그는 실험을 통해 자신의 가설을 증명하려는 시도도 하지 않았다(예컨대 무거운 물체가 가벼운 물체보다 더 빨리 떨어진다고 잘못 주장하는 등).

• 베이컨 •

눈을 크게 뜨고 자연을 관찰하면 진실의 일부에 접근할 수 있듯이 우리가 주변환경을 의도적으로 조작, 즉 실험을 하지 않으면 진실에 도달하기 어렵다. 베이컨(Francis Bacon, 1561~1626)은 실험을 강조한 철학자였다. 그는 세부적 실험을 수행하여 주의 깊게 데이터를 모으고 해석해야 진실에 도달할 수 있다고 하였다. 베이컨의 이러한 방법은 정보를 체계적으로 모으는 것이기는 하지만 가설의 초기 제안 사항을 너무 과소평가한 우를 범했다.

• 갈릴레오 •

갈릴레오(1564~1642)는 정량적 실험 방법을 구축하고 그 결과를 수학적으로 분석하였다. 그의 이러한 실험법이 바로 현대적인 대부분의 과학자들이 가장 많이 사용하는 방법이다. 그는 가설이 맞는지, 교정이 필요한지 아니면 완전히 폐기해야 하는지를 증명하기 위해 실험을 했다.

요약하자면, 플라톤은 가설은 세웠지만 관찰을 하지 않았고, 아리스토텔레스는 일련의 관찰을 한 후 가설을 세웠지만 추가적인 관찰을 하거나 가설의 정당성을 위한 실험을 하지 않았다. 베이컨은 세부적인 실험을 제안한 후 풍부한 실험 데이터가 자신의 가설을 지지한다는 확신이 들 때에만 가설을 세우라고 제안했고, 갈릴레오는 가설을 세운 후 자신의 가설이 타당한지 실험으로 증명하였다.

결론적으로, 우리는 베이컨과 달리 가능한 한 빨리 가설을 세워야 하며, 아리스토텔레스와 달리 그 가설이 맞는지 증명하기 위해 주의 깊고 꼼꼼하게 실험을 해야 한다.

이제는 가설을 세우고 실험을 하기 이전부터 문제점이 존재하고 있다는 것을 깨달아야 한다. 다음 장에서 문제 인식(problem recognition)에 대해 공부할 것이다.

인 식
recognition

어떤 문제를 풀기 이전에, 그러한 문제가 처음부터 존재했다는 것을 인식해야 한다. 이런 사실은 명확해 보이지만, 어떤 문제는 관목에 가시가 붙어 있듯 잘 보이지 않거나 숲속의 나무 같이 숨어 있다. 따라서 문제가 존재한다는 것을 알아차릴 수 있는 관측 기술을 발전시켜야 할 뿐 아니라 문제가 발생할 것을 예측할 수 있도록 우리의 사고를 예리하게 만들어 두어야 한다.

예 I

정전(electricity blackout)

1998년 크리스마스였다. 4인의 캐나다인 가족이 방학을 이용해 미국으로 여행을 떠났다. 그들은 뉴욕 주를 경유해서 캐나다로 돌아올 때 조그마한 마을의 한 모텔에 투숙하게 되었다.

그날 밤, 우연히 그 지역에 착빙성 폭풍우(ice storm)가 와서 한밤중에 정전이 일어났다. 가족들은 아침에 일어나서야 정전이 되었다는 것을 알았다. 그들은 서둘러 아침을 챙겨 먹고 가능한 한 빨리 집으로 돌아가기로 했다. 집까지 가려면 10시간가량 운전을 해야 하고 밤에는 운전을 하지 않으려고 한다. 그들은 모텔에서 제공하는 간단한 아침식사를 먹기 위해 식사가 준비된 라운지로 내려갔다(아침식사는 크와상, 패스트리, 커피, 차 등으로 이루어진 간략한 식사).

모텔 방의 문을 나서려는 순간, 12살 난 아들이 정전이 되었기 때문에 식사 후에 방으로 돌아오면 문이 다시 열리지 않을 수도 있다고 말했다. 그 모텔은 자기테이프가 달린 플라스틱 열쇠를 사용하고 있었고, 아버지는 아들에게 방 밖으로 나가서 문이 열리는지 플라스틱 열쇠로 확인해 보라고 했다. 그리고 열쇠가 작동하지 않는다는 것을 알았다. 네 사람이 모두 다 방을 나가버리면 짐을 가지러 다시 돌아올 수 없다는 얘기다.

짐을 차에 먼저 옮긴 후 식사를 하러 가려고도 했지만 식사 후 이도 닦아야 하고 화장실을 사용할 수도 있을 것이라는 데 생각이 미치자 엄마와 딸이 방에 남아서 문을 열어주는 것이 좋겠다는 결론이 내려졌다. 아버지와 아들이 먼저 라운지로 가서 크와상과 차를 마신 후, 먹을 것을 들고 방으로 돌아왔다. 가족들은 그렇게 아침을 먹고 호텔을 나올 수 있었다.

이 예제는 숨어있는 문제점을 예측하는 것이 왜 중요한지를 보여준다. 아들이 자기열쇠와 정전 사이의 관계를 인식하지 못하여 문제가 발생했다면 가족들은 몇 시간가량 모텔에 묶여 있어야 했다.

예 2

자동차 미끄러지기(car skidding)

철홍 씨는 겨울에 온도가 영하 40도까지 내려가는 도시에 살고 있는데, 눈이 내리면 도로가 얼어붙어 매우 미끄럽다. 집에는 두 대의 자동차가 있었는데, 아내 미숙 씨는 승용차를 몰지만 남편 철홍 씨는 밴을 주로 몬다.

어느 겨울 저녁, 미숙 씨가 직장에서 돌아 와 "내가 차를 잘 관리해 두라고 했는데 그렇게 하지 않았죠! 오늘 아침에 차가 또 미끄러졌는데 이번 겨울에만 벌써 세 번째잖아요!"라고 남편에게 소리를 질렀다. 사실 철홍 씨는 아내의 차가 미끄러진다는 말을 처음 들었다. 아내의 차는 매번 같은 위치에서 미끄러졌는데, 오늘 아침에는 차가 미끄러져 인도의 턱을 넘어서면서 360도로 회전을 했고, 다행히 아무도 다치지는 않았단다.

철홍 씨는 굽은 남북방향의 편도 2차선 도로가 도심으로 향하는 주도로와 만나는 곳에 살고 있다. 작은 길은 남쪽 방향 도로와 만난다. 불행하게도 작은 길과 주도로가 만나는 지점에서 20 m 북쪽에 곡선도로가 있다. 작은 길에서 나와 북쪽으로 가고자 하는 차는 남쪽 방향으로 가고 있는 차량의 흐름을 보기가 힘들다. 따라서 남쪽 방향으로 차가 지나가지 않을 때 운전자가 재빨리 차를 몰아 북쪽 방향 길의 왼쪽 차선을 타고 급하게 속력을 줄여서 다시 북쪽으로 회전해야 한다. 그런데 급하게 속력을 줄여야 하는 지점에서 아내의 차가 미끄러지는 것이다.

철홍 씨는 왜 그 부분이 미끄러운지 분명히 알고 있다. 얼음이나 눈에 압력을 가하면 어는점을 낮추어 얼음이나 눈이 물로 바뀐다(얼음 위에서 스케이트를 탈 수 있는 것이 이 원리이다). 차가 갑자기 속력을 줄이면 도로를 덮고 있는 눈에 압력을 주어서 물로 변하게 만들고 이것이 다시 얼음이 되어서 도로를 미끄럽게 만드는 것이다. 철홍 씨는 아내에게 멈춤표시판이 있는 곳 주변은 특히 미끄러우니 그 전에 속력을 줄이라고 미리 주의를 주었다. 미숙 씨는 차가 속력을 급하게 줄여야 할 위치와 멈춤표시판 이전 지점이 어디인지를 정확히 몰라서 자꾸 미끄러졌던 것이다. 미숙 씨가 북쪽 방향으로 가고자 했다면 교차로 지점에서 속력을 반드시 줄였어야 했다. 그리고 가능하면 북쪽 방향 길의 오른쪽 차선을 이용해야 훨씬 더 안전했을 것이다.

하여튼 철홍 씨는 왜 미숙 씨가 세 번이나 미끄러진 후에 짜증을 내며 불평을 했는지 모른다. 아마도 미숙 씨는 처음부터 문제가 있었다는 사실을 인식하지 못한 것일지도 모른다.

문제를 인식하지 못하거나 문제가 얼마나 심각한지 인식하지 못하면 다음의 예에서 보는 것과 같이 심각한 상황을 만들 수 있다.

예 3

시력(eye vision)

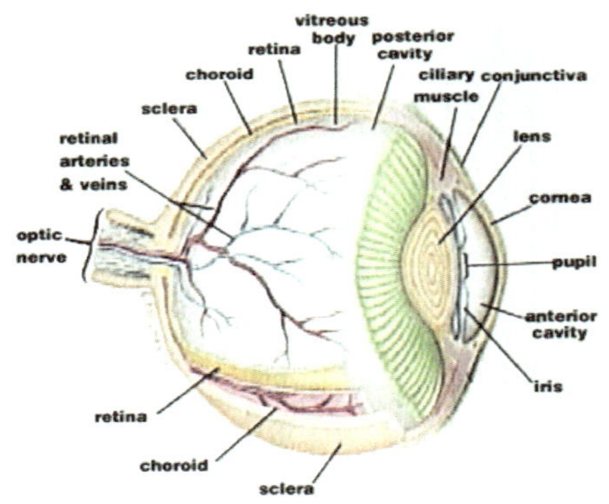

우수 씨는 80대 초반이며, 매우 건강하다. 그렇지만 독서와 같이 가까운 데에 있는 것을 보는 데에는 문제가 있다. 그는 오른쪽 눈의 동공이 흐려진다는 것을 알았지만 그저 일반적인 노화현상이라고 여겼다. 왼쪽 눈은 여전히 멀쩡했다. 1년 뒤, 오른쪽 눈이 더 나빠져서 눈의 가장자리로는 물체가 보이지만 가운데에는 까만 점이 생겼다. 어느 날 외지에 살고 있는 딸이 방문을 했다. 딸에게 눈의 문제를 얘기했더니 서둘러 병원으로 데리고 갔다.

진찰 결과, 우수 씨는 노화에 의한 시력감퇴(age-related macular degeneration)를 겪고 있다는 진단을 받았다. 시력감퇴란 반점(macular)에 문제가 생긴 것을 말한다. 반점은 독서나 운전을 할 때 정확한 초점을 갖게 하는 망막(retina)의 일부분이다. 망막은 안구 내부를 채우고 있는 빛에 매우 민감한 막인데 이것은 뇌로 향하는 광신경과 연결이 되어 있다. 불행하게도 우수 씨의 시력감퇴는 많이 진전이 된 상태여서 치료가 불가능했고, 의사는 몇 년 후면 오른쪽 눈이 보이지 않게 될 것이라고 말했다.

우수 씨는 2년마다 안과 의사에게서 진단을 받았어야 했다. 치료보다 예방이 중요하다고 모두들 말한다. 그러나 그는 불행히도 너무 늦게서야 그 중요성을 깨달은 것이다.

예 4

감기인가?(flu?)

기수 씨는 30대 후반의 엔지니어이고, 아내는 병원에서 임시직 간호사로 일하고 있다. 어느 날, 기수 씨는 열이 나서 병원에 갔고, 의사는 감기라고 진단했다. 그날 밤, 체온이 40도까지 올라갔다가 아침이 되자 37.8도까지 떨어졌지만, 나은 것이 아니었다. 불행하게도 어젯밤의 고온은 그가 간과한 경고 신호였던 것이다.

그는 몸이 아파 회사에서 조퇴를 했다. 그날 저녁이 되자 아내도 남편이 정신을 차리지 못하고 심지어 아이들도 알아보지 못한다는 것을 깨달았다. 그녀는 자기가 근무하는 병원의 응급실로 남편을 데려갔다. 남편이 복도에서 입원 수속을 기다리는 동안, 아내는 같이 근무하는 심장전문의에게 달려갔다. 그녀는 의사에게 자기 남편을 빨리 좀 봐달라고 부탁했다. 의사가 남편에게 다가가 말을 시켰지만 남편은 대답이 없었다. 남편은 갑자기 호흡기가 막히는 심질환 증세를 보였다. 의사는 곧바로 기계를 연결하여 숨을 쉬게 했고, 뇌에 산소가 바로 공급되지 않았으면 5분 내지 10분 안에 식물인간이 될 수 있는 상황이었다. 우수 씨는 발작 증세를 보이다가 혼수 상태에 빠져 버렸다.

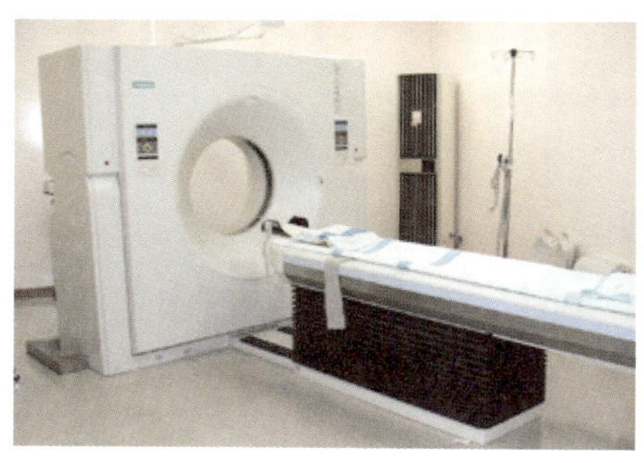

의사는 그를 재빨리 중환자실로 옮겼다. 여러 분야의 전문가들이 모여서 왜 우수 씨가 혼수 상태에 빠졌는지, 그리고 뇌에 무슨 문제가 있는지 알아내고자 했다. 의사들은 CAT(컴퓨터 X-선 체축단층촬영, Computerized Axial Tomography)를 해서 뇌혈관이 파열되었는지 확인하였다. 뇌수막염(meningitis)을 일으키는 박테리아가 존재하는지 알아보기 위해 척수액(spinal cord fluid) 검사도 했다. 두 검사 결과 모두 음성이었다. 그래서 의사들은 최종적으로 일반적인 박테리아 감염(inflammation)에 의해 뇌에 심각한 염증인 형성되는 병인 뇌염(encephalitis)이라고 결론지었다. 바이러스 여부도 검사했지만 발견하지 못했다. 그러나 바이러스는 발견하기가 매우 힘이 들기 때문에 발견하지 못했다고 해서 감염되지 않았다고 장담할 수는 없다. 의사는 기도에 호스를 끼워서 호흡을 할 수 있도록 하고 우수 씨에게 항바이러스 약과 많은 분량의 IV(정맥 주사액, intravenous)를 처방했다.

우수 씨는 3일 뒤에 깨어났다. 그는 잠깐 기억 상실 증세를 보였으나 곧 괜찮아졌고, 추가로 MRI(자기공명 영상장치)를 찍었지만 뇌에는 별다른 이상을 보이지 않았다.

우수 씨는 운이 좋았다. 아내가 간호사이고 그가 아플 때 옆에 있었다. 그녀는 문제의 심각성을 깨닫고 바로 행동을 취했다. 그렇지 않았다면 돌이킬 수 있는 지점까지 가서 뇌사판정을 받았을 수도 있었다.

종종 우리는 문제를 인식하기는 하지만 해법이 있다는 것을 깨닫지 못하거나 해법을 쉽게 찾을 수 있다는 사실을 알지 못하다. 그러므로 해법이 존재할 것이라는 것과 그 해법을 찾으려고 시도해야 한다는 것을 깨닫는 것이 매우 중요하다.

예 5

중앙 집중 난방(central heating)

창수와 혜인은 캐나다의 해밀톤에 있는 2층짜리 집에서 살고 있다. 캐나다에서는 대부분의 집들이 지하에 위치한 가열로에서 모든 방으로 공기 덕트를 통해 뜨거운 공기를 전송하는 중앙 집중 난방 방식으로 지

어졌다. 이 방식은 적절한 온도에 도달하면 자동으로 열풍기를 조절할 수 있는 서모스탯으로 원하는 온도를 조절한다.

겨울의 어느 주말 아침, 혜인은 창수에게 한 달 전부터 아침마다 목이 너무 건조하다고 말했다. 그녀는 그 원인이 가열로에서 밤새도록 뜨거운 공기를 보내기 때문이라는 것을 알았다. 뜨거운 공기는 습기가 거의 없으므로 창수의 생각에도 혜인의 추측이 맞을 것 같았다. 습도란 공기 중에 존재하는 수분의 양이다. 따라서 사람들이 집 안에서 건강하고 편안하게 살기 위해서는 습도가 꼭 필요하며, 습기가 너무 적으면 목이 마르고 피부가 갈라지게 된다.

가열로와 연결된 찬 공기 덕트에는 중앙 가습기가 달려 있어서, 물이 자동으로 공급되면서 따뜻한 공기에 습도를 부여하며, 습도가 너무 낮으면 뜨거운 공기가 너무 건조해진다. 습도가 너무 높으면 과잉의 습도 때문에 벽, 천장과 바닥에 곰팡이가 생기거나 부식이 일어나는 원인이 되기도 한다. 창수는 가능한 모든 손상을 방지하기 위해 항상 습도를 약간 낮게 조절해 두었다.

혜인은 문제가 있다는 점은 인식했지만 쉽게 해결책을 찾을 수 있다는 사실을 깨닫지 못했기 때문에 지난 한 달간 불편함에 대해 어떤 언급도 하지 않았고, 창수는 혜인이 문제를 안고 있다는 것을 알지 못했다. 그러나 이제 그녀가 문제점에 대해 이야기했기 때문에 창수는 그 문제가 쉽게 풀릴 것이라는 것을 알았다.

그들은 밤새도록 온도조절기를 18도에 맞추어 둔다. 한 가지 쉬운 해결법은 다음과 같다. 자러 가기 한 시간 전에 조절기를 21도에 맞추어 두어서 실내가 21도가 되면 자러 가기 직전에 18도로 낮추어 준다. 그런 식으로 하면 밤 동안 뜨거운 공기가 더 적게 나오게 된다. 또는 자러 가기 전에 온도를 18도에서 15도로 낮추는 방법도 있다. 이렇게 해도 효과는 같으면서 가스비는 더 적게 나온다. 더 좋은 방법은 자러 가기 직전에 히터를 꺼서 뜨거운 공기가 나오지 않게 하는 것이다.

북미에 살고 있는 사람들은 아주 만족해 하고 있다. 그들은 중앙 난방을 사용한다. 지구의 대부분에서는 중앙 난방을 사용하지 않는 곳도 많지만 전혀 난방을 안 하는 곳도 있다.

창수는 어떤 나라들은 전혀 난방을 하지 않는다는 것도 알고 있다. 그는 어린 시절 홍콩에서 살기도 했는데, 가정 형편이 넉넉하지 못했었다. 그들은 발코니가 바깥쪽으로 나 있어 외부 공기가 잘 들어오는 조그마한 집에 살았다. 겨울에는 기온이 3도까지 떨어졌지만 집안은 난방이 되지 않았다. 상황이 더욱 나빴던 것은 가족이 10명이나 되었기 때문에 모두가 실내에서 잠을 자지 못하고 베란다에서 잠을 자야 했다는 것이다. 면 내복과 양말을 신고 잤던 기억도 있고 아주 추운 겨울에는 잠바까지 입고 자야 하기도 했다.

그러나 그는 스스로 운이 좋다고 생각했다. 그의 친구 중에는 물탱크 위에 나무판자를 펴놓고 자는 사람도 있었기 때문이다.

창수는 캐나다에서 대학을 졸업하고, 1979년 12월에 영국 소재 대학의 연구원으로 근무하기 위해 영국으로 갔다. 창수는 브라이튼에서 먹고 자면서 1주일 만에 셋방을 구했는데, 매일 새벽 4시경이면 방이 추워서 잠에서 깼다. 창수가 사는 집의 주인여자가 밤에 난방을 틀지 않았기 때문이다. 천연가스가 비쌌기 때문에 영국 사람들은 직장에서 돌아오면 몇 시간만 난방을 틀다가 자기 직전에 모두 꺼버리는 경우가 많았다. 창수는 자신의 젊은 시절을 떠올리며, 요즘 너무 덥게 살고 있었다는 것에 대해 반성했다.

창수는 혜인을 위해 자러 가기 직전에 온도를 18도에서 15도로 낮추자고 했다. 그러면 밤새도록 18도에 설정해 두었을 때보다 난방이 덜 돌아갈 것이라고 생각했다. 온도를 바꾼 후, 혜인은 더 이상 목이 말

라 밤에 깨는 일이 없어졌다. 게다가 실온을 낮추게 되면 지구 온난화를 유발하는 오염(global warming pollution)을 줄이는 데에도 공헌을 하게 된다.

문제가 존재한다는 것을 깨닫는 것뿐 아니라 해결책을 찾을 수 있다는 것도 깨달아야 한다. 따라서 우리는 문제의 해결책을 얻을 수 있다는 사실에 대해서도 인지하고 있어야 한다.

다음의 예에서 20살짜리 비경제 전문가가 학부 과정 경제학 수업에서 어떻게 문제를 해결해 나가는지 살펴볼 것이다. 그는 문제가 해결될 것이라고 생각하였으며 항상 그렇게 말하였다. 그는 해법을 찾기 위해 1년 반만에 두 편의 논문을 투고하였으며, 이 두 편의 논문으로 후에 노벨 경제학상을 수상한다.

6.1 존 내시

존 내시(John Nash, 1928~)는 전 시대를 통틀어 가장 천재적인 수학자 중 한 사람임에 틀림없다. 처음에는 아버지처럼 엔지니어가 되려고 했지만 1945년, 펜실베이니아 주의 피츠버그에 위치한 카네기 공대(Carnegie Institute of Technology)에 들어가면서 화학공학자가 되기로 결심하였다. 그러나 곧 자신이 화학에 그다지 관심이 없음을 깨닫고 수학 전공 교수님들의 추천으로 수학과로 전과를 하였다. 1948년, 수학과에서 석사학위를 받을 때까지 그는 수학 분야의 많은 연구에서 상당한 진척을 이루게 되었다.

프린스턴(Princeton) 대학의 대학원에 지원하였을 때 카네기 공과대학의 지도교수였던 **리처드 듀핀**(Richard Duffin) 교수는 추천서에 "이 사람은 천재다!"라는 말만 적어 보냈다고 한다.

그는 카네기 공대에 다닐 때, 졸업학점을 이수하기 위해 몇 개의 경제학 과목을 수강하였다. 그것이 그가 들었던 경제학 분야 지식의 전부였다. 그는 경제학 강의를 들으면서 서로 화폐가 다른 나라들 간의 교역에서 단체교섭 문제(bargaining problem)가 해결되어 있지 않다는 것을 알게 되었다. 그리고 프린스턴에 다니면서 이 문제에 대해 자세하게 공부를 하게 된다.

1948년의 프린스턴은 수학에 있어서 마치 천국과도 같았다. 첨단연구소(Institute for Advanced Study)에서는 아인슈타인(Einstein), 괴델(Godel), 그리고 폰노이만(von Neumann) 등의 유명한 스타들이 상상을 초월하는 업적들을 내놓고 있는 중이었다.

폰노이만(1903~1957)은 타고난 천재였다. 1920년대에 게임이론(Game Theory)을 만든 그의 목적은 단순한 게임을 이용하여 인간의 이성적인 행동(rational human behavior)에 대한 수학적 이론을 정립하는 것이었다. 그는 **오스카 모르겐슈테른**(Oskar Morgenstern, 1902~1977)과 함께 1944년에 『게임의 이론과 경제학적 거동(*The Theory of Game and Economic Behavior*)』이라는 책을 공동 출간하였는데, 이 책은 지금도 경제학과 학생들에게 경제학의 바이블로 통한다.

이 책은 두사람 게임(zero-sum two-person games)의 상호보완적 해법을 찾는 방법에 대해 설명한다. 초점은 두 사람이 최적의 전략을 가지고 협력에 임한다는 전제 하에 벌이는 협력게임이다. 그러나 내시는 이 책의 내용이 각 플레이어가 최적의 전술로 제로섬(zero-sum) 게임에 임한다는 노이만의 최저-최고 이론(min-max theorem)에 비해 그다지 새로운 이론을 포함하지 못한다고 생각했다.

내시는 최저-최고 이론을 일반화할 방법을 찾아냈다. 그것은 제로섬 게임도 아니고 두 사람만 포함하는 게임도 아니었다. 그는 다중 플레이어들이 펼치는 게임에서 비협력적 평형(non-cooperative equili-

brium)을 증명할 수 있는 간단하고 뛰어난 증명법을 제시하였다. 그 해법은 매우 안정적이라서 어떤 플레이어도 평형 전략으로부터 벗어나지 않도록 하였다. 개인적인 이기심(self-interest)은 공익(common good)에 우선하여 그룹 전체에 악영향을 주기 때문이다. 그러므로 참여하는 모든 사람이 이성적 개념을 이끌어낼 수 있도록 참여자들은 힘써야 한다. 이 게임이론의 결과는 후에 물고기 남획(overfishing), 군비 경쟁(arms race), 그리고 지구 온난화(global warming) 같은 딜레마를 해결하는 쪽으로 확장되어 갔다.

1949년 가을, 존 내시는 자기의 평형이론에 대해 논의하고자 폰노이만 교수와 논쟁을 벌였다. 내시가 몇 마디 하자마자 폰노이만 교수는 그 이론이 평범하다면서 내시의 말을 가로 막았다.

폰노이만과의 굴욕적인 미팅에도 불구하고 존 내시는 「다중게임에서의 평형점(Equilibrium points in N-person games)」을 국립과학학회(National Academy of Science)에, 그리고 다른 논문 「단체교섭 문제(bargaining problem)」를 이코노메트리카(Econometrica)에 투고하였는데, 두 편의 논문 모두 1950년에 출간되었다.

이 두 편의 논문은 내시의 27쪽짜리 박사학위 논문의 기초가 되었으며, 후에 **내시의 평형**(Nash equilibrium)이라고 하는 이론의 정의와 특성에 대해 설명하기도 했다. 젊은 청년이었던 내시 자신을 비롯하여 그의 지도교수뿐 아니라 그 누구도 이 논문이 노벨상을 타게 될 줄 몰랐다.

1951년 여름, 내시는 매사추세츠 공과대학(Massachusetts Institute of Technology, MIT)의 수학과 강사가 되었다. 그는 미분기하학과 편미분방정식에서 고전적인 미해결 문제 중 몇 개의 해결책을 찾은 성과를 인정받아 1951년, MIT의 수학과 전임교수직을 제의받았다.

그러나 그는 불행하게도 인생의 황금기에 편집증적인 정신분열 증세로 치료를 받았고, 이로 인해 MIT에서 퇴임을 해야 했으며 후에 정신병원에 입원하기도 했고, 이 질병 때문에 이후로 20년 이상 무력하게 지내게 되었다.

1959년 5월, 유럽으로 여행을 떠나 망명자의 지위를 얻으려던 그는 1960년에 프린스턴으로 돌아와 캠퍼스의 전설이기도 한 '파인힐의 도깨비(phantom of Fine Hill, Fine Hill은 MIT 수학과 도서관 명칭)'가 되었다. 이상한 방정식을 칠판에 적어두거나 귀신같은 몰골로 캠퍼스를 돌아다녔기 때문에 붙여진 별명이었다.

그는 1970년까지 정신병원을 들락거려야 했으나, 기적적으로 회복을 하여 다시 진지하게 수학 연구를 하게 되었다.

그 즈음, '내시 평형(Nash equilibrium)' 이론이 갑자기 여러 논문들에 나타나기 시작하였으며, 그 개념이 경제학, 정치학, 생물학, 그리고 상업 등 다양한 학문 분야에 적용되게 되었다. 1994년, 내시는 그가 20살짜리 학부생이었을 때 해결했던 문제에서 출발하여 프린스턴 대학의 대학원생이었을 때 만들었던 게임이론의 업적을 인정받아 노벨경제학상을 받게 되었다.

'내시 평형' 이론은 여러 사람들에 의해 인식될만 했음에도 불구하고 실상은 그렇지 못했다. 심지어 전설적인 폰노이만마저도 그 문제의 존재성마저 인식하지 못했으며 그것에 대한 지적을 받았을 때에도 심각성을 인지하지 못했었다. 수학도 그리 어렵지 않아서, 우리가 해결한 문제나 미해결로 남겨둔 여러 가지 일반 수학 문제와 별 차이가 없었다. 사실 내시는 그러한 미해결 과제를 가장 해결책을 찾기 쉬운 작업으로 인식했었다.

내시는 이러한 중요한 이슈를 규명할 수 있었고, 문제가 풀릴 수 있다는 강한 믿음으로 결국 노벨상에 이르게 된 것이다. 노벨상은 많은 상금을 주기 때문에 금전적으로도 실질적 도움이 크다. 내시의 경우, 33만 달러(4억 원)의 상금을 받아서 두 명의 게임이론가와 나누었다.

그러므로 문제를 인식한다는 것은 부와 명성을 가져다주기도 한다. 그러나 문제를 인식하기 위해서는 예리한 관찰력을 기르고, 문제가 발생할 때 기회를 잡기 위해 눈을 부릅뜨고 있어야 한다.

결론적으로 말하자면 문제점이 존재한다는 것을 인식만 할 것이 아니라 만약 그 문제가 중요하다면 그 문제점이 얼마나 중요한지를 깨달을 필요가 있다. 게다가 문제점을 파악했다면 해법은 생각할 수 있다는 식으로 말을 하거나 규정하여야 한다. 이러한 문제에 대해서는 다음 절에서 논의하고자 한다.

CHAPTER 07

문제 상황과 문제 정의

problem situation and problem definition

어떤 상황에 대해 우리는 다양한 관점에서 관찰할 수 있다. 예컨대 바위돌의 경우만 하더라도 정원사와 건축가 그리고 지질학자가 보는 관점은 다 다를 것이다.

유사하게 어떤 문제 상황이라도 다양한 각도에서 관찰이 되고 따라서 다양하게 정의된다. 우리 태양계에서는 지구 주변을 도는 시스템이 태양 주위를 도는 시스템으로도 해석된다. 물론 태양 중심 운동이 더 우선적이다.

이처럼 일상생활의 문제에 있어 하나의 상황을 동일한 눈높이에서 바라볼 수도 있지만 다른 눈높이로 바라볼 필요도 있다.

7.1 다른 눈높이로 바라보기

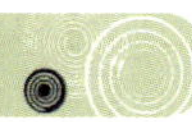

상황은 특별한 관점에서 시험되기도 하지만 훨씬 일반적인 관점에서 바라볼 수도 있다.

예 1

사업 시작하기(starting a business)

우재 씨는 식당 프랜차이즈 사업권을 얻고자 했지만 너무 많은 돈을 요구하는 바람에 재정적 문제가 발생하였다. 이 과정에서 그가 깨닫지 못한 사실은 그의 목적이 부자가 되는 것이지 프랜차이즈 사업권을 가지는 것이 아니라는 것이었다. 프랜차이즈가 아니라 개인적으로 소규모 사업을 열어도 되는 것이었다. 즉 특수상황에서 일반상황으로 그리고 다른 특수상황에서 더 일반적인 상황으로 돌아오면 되는 것이다.

예 2

브로콜리(broccoli)

엄마는 아이들에게 브로콜리를 먹이고 싶어 하지만 아이들은 브로콜리를 싫어한다. 그래서 엄마는 브로콜리 요리 방법을 다르게 하기로 했다. 아주 잘게 썰어서 다른 음식과 섞이도록 하기도 했고, 아예 브로콜리로 스프를 만들어 아이들이 마시도록 해보기도 했다. 그녀의 목적이 아이들이 건강하고 튼튼하게 자라는 것에 있다면 반드시 브로콜리만을 먹이려고 노력할 필요가 없다. 다른 음식을 대신 먹여도 된다. 그러므로 우리가 문제를 다른 관점에서 분석해 본다면 지금까지와는 전혀 다르게 문제를 정의할 수도 있을 것이다.

7.2 같은 눈높이로 바라보기

대부분의 경우, 문제 상황을 같은 눈높이의 다른 관점에서 바라봄으로써 문제점을 다르게 정의하기도 한다.

예 3

집안일(housework)

연제와 소진은 둘 다 직장을 가지고 있다. 주중에는 5시 경에 퇴근을 하여 저녁을 준비하고 두 아이와 놀다가 신문을 읽거나 TV를 시청한다. 집안일의 대부분은 주말로 미뤄둔다. 하지만 주말에는 저녁 초대를 하거나 음악회에 참석할 경우도 있기 때문에 집안일을 할 시간이 충분하지 않다고 생각한다.

어느 주말, 그들은 머리를 맞대고 어떻게 서로의 스케줄을 짜면 집안일을 효율적으로 할 수 있을까 고민했다. 소진이 아이디어를 냈다. 아이들은 이미 열 살과 열두 살이다. 그런데 왜 아이들에게 집안일을 시키지 않았을까?

그 후로, 부모는 아이들에게 세탁일을 돕게 하고 걸레질을 하도록 시켰다. 그렇게 하자 여유 시간이 더 많이 생겨서 아이들과 더 잘 지낼 수 있게 되었다. 뿐만 아니라, 아이들에게 집안일을 공유하도록 하는 것은 아이들이 단체의식과 책임감을 갖도록 만들었다.

이처럼 문제 상황을 다른 관점에서 바라봄으로써 소진은 문제를 다르게 정의할 수 있었고, 더 나은 해결책을 도출해낼 수 있었다. 자기와 남편만이 집안일을 해야 한다고 제한해서 생각을 했다면 그녀 스스로 제한적인 가능성만으로 좁게 생각했을 것이다.

예 4

자동차 타이어(car tire)

앞 장의 자동차 미끄러짐 예제(6장의 예제 2)로 돌아가서 이 문제를 다른 관점에서 생각해 보자.

아내의 차가 겨울에 동일한 장소에서 세 번씩이나 미끄러졌다. 아내가 남편에게 차를 잘 관리하지 않아서 그런 일이 생겼다고 불평을 늘어놓는 동안 남편은 세 번씩이나 차가 미끄러지는 동안 자기에게 왜 말을 하지 않았는지 의아해 하고 있었다. 그는 아내에게 차가 동일한 지점에서 미끄러지는 이유와 그 지점에 가기 전에 속력을 줄이거나 다른 차선을 이용해야 한다고 설명했다.

며칠 후 남편은 아내의 차를 운전하다가 잡음이 나는 것을 들었다. 다음 날, 차를 수리점으로 몰고 가서 정비사에게 문제가 뭔지 보라고 했다. 정비사는 이 차가 한 번 충돌을 한 적이 있으며(그 차는 얼음길에서 세 번째로 미끄러질 때 도로턱과 충돌을 하였다), 왼쪽 뒷바퀴의 휠과 베어링 그리고 왼쪽 앞바퀴의 볼 조인트가 손상되어서 교체를 해야 한다고 했다. 수리 가격은 800달러였다. 정비사는 왜 차가 미끄러졌는지에 대해서도 말해 주었다. 앞 타이어 두 개가 너무 닳아서 교체를 해야 한다는 것이었다. 그 비용이 또 300달러란다. 그가 좀 더 주의 깊게 아내의 차를 관찰했더라면 겨울이 오기 전에 앞 타이어 두 개를 교환했을 것이다.

그러므로 문제 전체를 다른 시각으로 볼 필요가 있다. 치료보다 예방이 더 좋다. 남편은 많은 돈(800달러)을 절약할 수 있었다. 더 중요한 사실은 아내가 사고를 당하지 않게 할 수 있었다는 것이다.

예 5

수도꼭지(water faucet)

어느 날 현철 씨는 주방 조리대 아래에 물때가 끼어 있는 것을 알게 되었다. 수도꼭지와 조리대 사이의 봉함제가 망가지고 그 아래 나무가 썩어서 그 사이로 물이 새고 있었다.

수도꼭지는 20년 정도 되어서 보기에도 흉물스러워 아주 세련된 새 것으로 바꾸려고 했다. 그래서 배관가게에 가서 수도꼭지와 밸브, 그리고 휜 관을 사왔다.

새 수도꼭지를 교체하려면 이전의 꼭지를 빼내야 했다. 그런데 문제가 있음을 알았다. 조리대 아래의 수도꼭지 결합용 너트는 육각이었는데, 너트의 모서리가 낡고 녹이 슬어서 너트를 풀 수가 없었다. 몇 개의 구리관들이 연결되어 있어서 조리대 아래가 너무 좁기 때문에 다른 장비를 넣어 작업을 할 수도 없었다.

그러나 현철 씨는 거기에 적합한 공구를 사기 위해 여러 차례 재료상에 갔다. 그러나 여러 번 시도했음에도 불구하고 너트를 풀 수 없었다. 며칠간 작업을 했지만 실패를 한 후 친구 태성 씨에게 조언을 구했다.

태성 씨는 다음 날 자기 공구를 들고 왔다. 그는 너트를 풀기 전에 망치를 가지고 두들겨 너트와 볼트 사이가 느슨해지도록 만들었다. 그런 뒤 육각렌치를 너트에 넣었지만 너무 좁아서 렌치를 돌릴 수가 없었다.

태성 씨도 10여분 작업을 하다가 포기해 버렸다. 그러나 태성 씨는 그 순간 아이디어를 하나 내놨다. 태성 씨는 전기드릴과 티타늄 드릴핀을 이용하여 너트를 잘라버리는 게 어떻겠냐고 했다.

현철 씨는 드릴을 이용해 육각 너트의 한쪽 면에 구멍을 내기 시작했다. 그리고는 구멍의 크기를 키우기 위해 더 큰 드릴핀을 사용하였다. 결국 너트의 한쪽 면을 잘라서 너트가 풀리게 되었고, 그렇게 해서 낡은 수도꼭지를 새 것으로 교환할 수 있었다.

이 예는 태성 씨가 어떻게 문제점을 새롭게 정의했는지 보여주고 있다. 너트를 풀어내는 대신에 어떤 수단을 이용해서라도 너트를 분리하기만 하면 되는 것이었고, 이것이 바로 성공을 이끈 요인이었다.

예 6

목 통증(neck pain)

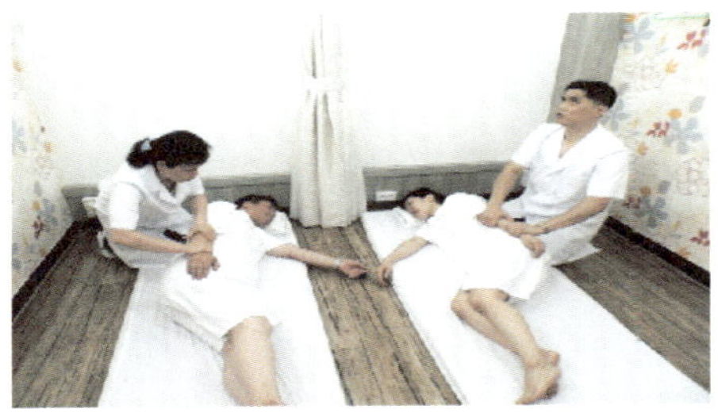

기철 씨는 직장에서 오랫동안 컴퓨터 작업을 해왔기 때문에 목에 통증이 생겼다. 주치의는 기철 씨에게 컴퓨터 앞에서 장시간 앉아 있는 사람들에게 흔하게 나타나는 증세라고 하며, 집에 가서 매일 목운동을 하라고 했다.

기철 씨는 한 달 동안 하루에 두 번씩 열심히 목운동을 했다. 하지만 전혀 나아지지 않았다. 그는 어느 날, 자기 집 근처에 안마사(chiropractor)가 있다는 광고를 보았고, 그 안마사를 찾아갔다.

안마사는 기철 씨의 목뼈가 신경을 누르고 있어서 교정을 해야 한다고 했고, 두 손을 이용해 관절(joint)이 복원되어 제 역할을 할 수 있도록 하기 위해 목뼈 관절을 교정했다. 안마사는 목을 왼쪽으로 제꼈다가

다시 오른쪽으로 제꼈다. 양쪽으로 목이 제껴지는 순간 '뚝'하는 소리가 들렸다. 그 소리는 관절에서 새어나오는 미량의 질소가스가 내는 소리였다. 관절용 뼈 사이에 들어 있는 액체는 관절의 운동을 부드럽게 해주기 위한 윤활제 같은 것으로, 용해된 가스를 포함하는데, 액체가 줄어들면 관절에 압력이 만들어지고, 관절에 작용된 압력을 조절해 주면 관절 사이의 공간에 가스가 생기기 때문에 '뚝'하는 소리가 나게 되는 것이다. 더 중요한 사실은 이런 교정 작업을 해주면 관절 내의 생체역학적(biomechnical), 또는 생화학적 성분을 적절하게 저장하는 역할까지 해준다는 것이다.

교정 후 기철 씨는 목의 통증이 완전히 사라졌음을 느꼈다. 그러나 한 시간 후 목은 다시 원래 상태로 돌아와 통증이 다시 나타났다. 목은 뼈와 근육의 결합으로 되어 있다. 뼈를 원상태로 복원했다 할지라도 목 근육은 여전히 긴장 상태이므로 동시에 교정을 해주었어야 했다. 그러나 안마사가 근육은 치료를 하지 않은 것이다.

우연히 한 친구가 목과 어깨 통증 전문가인 물리요법사(physio-therapist)에 대해 알려주었고, 기철 씨는 그녀를 만나러 갔다. 물리요법사는 몇 시에 통증이 가장 심하게 발생하는지 기철에게 물었고, 기철 씨는 아침에 침대에서 일어난 직후가 가장 심하다고 답하였다. 그녀는 중간 정도의 딱딱함을 갖는 베개로 바꾸라고 하면서, 그런 베개가 부드럽게 목을 잘 받쳐줄 것이라고 했다.

그녀는 기철 씨는 목에 15분 동안 15파운드의 힘을 가해주는 골절치료기를 매달고 목 근육의 어느 쪽이 긴장해 있는지 파악한 후 양쪽이 균형을 이루도록 잡아주었다(기철 씨가 머리의 한 쪽을 손으로 밀면서 자기 귀를 어깨 쪽으로 가져오도록 하였다). 그런 후 어깨와 목을 눌렀다가 아주 천천히 놓아주었다. 마지막으로 목에 진동자를 올린 후 0.5 MHz 진동수로 5분 정도 초음파 치료까지 해주었다.

기철 씨는 한 달 동안 1주일에 두 번씩 물리요법 치료를 받았다. 8번째 치료를 했을 때 기철 씨는 목의 근육이 갑자기 풀리면서 아주 좋아지는 것을 느꼈다. 안마사에게 계속 갔다면 목 근육은 긴장 상태로 계속 있었을 것이라는 생각이 들었고, 물리요법사에게 치료를 받은 것이 다행이라고 여겨졌다.

다음 두 달 동안 기철 씨는 1주일에 두 번씩 물리요법사에게 가고 2주에 한 번씩 안마사에게 갔다. 기철 씨의 목 통증은 서서히 사라져서 이제 규칙적으로 의사에게 가지 않아도 될 정도가 되었다. 이제 목운동을 자주 하고 안마사나 물리요법사에게는 좋은 상태를 유지하기 위해 가끔 한 번씩 가기로 했다.

문제를 잘 정의하고 모델을 세워야 그 문제를 잘 풀 수 있다. 이 특별한 예에서 볼 수 있듯이 목은 뼈로만 이루어진 것이 아니라 뼈와 근육으로 이루어져 있다고 모델을 설정해야 한다. 사람들은 문제점을 자기가 경험한 시각으로만 해결하려고 한다. 문제점이 노출되었을 때 기술자는 기술적인 측면에서만 바라보고 전기업자는 전기적인 관점에서만 바라볼 것이다. 그러나 문제의 특정한 모습이 전체적인 모습을 나타내주는 것이 아니기 때문에 문제가 해결되지 못하게 만들기도 한다.

따라서 문제점을 적절하게 모델화할 필요가 있다. 행성의 궤도는 원으로 정의할 때보다 타원으로 정의하면 더 설명이 잘 된다. 유사하게 전자들이 이온으로부터 완벽하게 떨어져 나와 진공 속을 자유롭게 움직인다고 생각했던 초기의 자유전자 모델로 보기보다는 오히려 전도전자와 이온핵 사이의 상호작용을 고려해야 금속의 전기적 특성들이 더 정확하게 규정되는 것과 같다.

이 예로부터 배울 수 있는 교훈이 하나 더 있다. 전문가에게 반드시 자문을 구하는 동시에 여러분 스스로 그 문제에 대해 책임을 져야 한다는 것이다. 한 가지 방법이 효과가 없다고 생각되면 다른 방법을 찾아야 한다. 좀 더 일반적으로 얘기하자면 문제의 해결책을 한 곳에서 얻지 못했다면 다른 방법이나 장소를 활용하라는 것이다.

귀납법과 연역법

induction and deduction

문제가 파악되었다면 해결책을 찾아야 한다. 해결책을 찾기 위해 어떤 경로를 밟을 것인지를 결정하기 위해서는 이미 우리가 알고 있던 지식을 토대로 살펴본 후 필요하다면 더 많은 정보를 찾아야 한다. 다라서 잘 분류되어 보관되어 있는 도구 창고가 마음속에 들어있다면 훨씬 편리할 것이다. 이 말의 뜻은 우리가 주변환경을 잘 관찰해 왔다면 이렇게 터득한 지식들이 현존하는 문제를 푸는 가장 일반적인 원칙을 제공해줄 것이라는 얘기이다.

8.1 귀납법

귀납법(induction)은 특별한 예를 통해 일반 법칙을 유도해내는 추론 과정이다. 특수 상황을 관측하는 것은 매우 한정적이므로 귀납법을 통해 일반적 원칙에 도달할 때에는 주의가 필요하다. 그러나 그럼에도 불구하고 일상생활에서 귀납법을 광범위하게 사용한다면 유익하고 아주 편리해질 것이다.

예 I

휘발유 가격(gas price)

윤귀 씨는 오타와에서 혼자 살고 있다. 토론토에 사시는 어머니께는 격주로 주말에 들른다. 오타와와 토론토를 연결하는 고속도로상에는

주유소와 패스트푸드 식당을 갖춘 휴게소가 몇 군데 있다. 윤귀 씨가 휴게소마다 들러서 커피를 마시며 살펴보니, 오타와나 토론토 모두 휴게소의 기름값이 시내보다 항상 더 비쌌다. 그 이유는 휴게소로 휘발유를 배달하는 운임 때문이거나 아니면 가다가 기름이 떨어질 때 주유하게 되는 수요공급적 측면 때문일 것이다. 이유야 어떻든 간에 고속도로상의 주유소 기름값은 오타와나 토론토 시내의 기름값보다 항상 더 비싸다는 것이다. 이것이 그가 관찰을 통해 귀납적으로 얻어낸 일반론이다.

이런 추론은 명백해 보인다. 그래서 윤귀 씨는 매번 토론토로 갈 때에는 오타와 시내에서 그리고 돌아올 때에는 토론토 시내에서 주유를 한다.

예 2

약과 화장품(drugs and cosmetics)

식료잡화점(grocery store)은 성장일로에 있으며, 최근에는 일상적인 고기나 야채 외에도 약과 화장품을 판매 중이다. 지희 씨는 처방전이 필요 없는 약품이나 화장품 같은 경우, 그녀가 항상 다니던 약국에 비해 식료잡화점이 10~25% 더 저렴하다는 것을 깨달았다. 식료잡화점이 물건을 더 싸게 파는 이유는 고객들이 식료품 이외의 제품도 자기 가게에서 구입하도록 유도하기 위한 것이라고 여겼다. 어쨌든 간에 모두는 아니지만 대부분의 식료잡화점에서 파는 약품이나 화장품들이 그녀가 여태껏 다녔던 약국보다는 더 싸다는 결론을 얻을 수 있었다.

그 후로, 그녀는 필요한 모든 약품과 화장품을 식료잡화점에서 구입하였다.

예 3

식료잡화점 세일(grocery store sales)

미경 씨는 1주일에 한두 번 정도 식료잡화점에서 물건을 구입한다. 식료잡화점에서는 집으로 세일 전단지를 보내주는데, 전단지에 나와 있는 광고는 1주일 내내, 즉 토요일부터 다음 주 금요일까지 계속된다.

미경 씨는 전단지의 광고 내용에 따라 가는 가게가 달라진다. A 상점은 고객들이 세일 품목을 제한 없이 살 수 있기 때문에 세일 시작 며칠 안에 세일 물건이 다 팔려버린다는 것을 알았다. B 상점은 비록 광고 전단지에는 표시해 두지 않았지만 고객당 세일 품목을 두 개씩만 구입할 수 있도록 한정한다. 그러나 세일 마지막 날 오후 5시 이후에는 이런 제한을 두지 않는다(이 가게는 오후 9시에 폐점을 한다).

미경 씨는 이런 사실을 깨닫고 만약 두 상점에서 구입할 필요가 있는 물건이 있을 경우, A 상점에서는 세일 첫 날 구입을 하고 B 상점에서는 세일 마지막 날 오후 5시 이후에 물건을 구입한다.

그러므로 우리가 도달한 일반적인 원칙에 따라서 우리가 추구해야 할 행동을 정할 수 있다. 그러나 우리가 귀납한 결론들은 언제나 더 많은 관찰을 통해 논쟁거리가 될 가능성이 있으므로 주의를 요한다. 그리고 이 결론들은 시간이 지나면 바뀌기도 한다. 일부 과학자들과 과학철학자들은 과학 이론은 결코 증명될 수 없고 단지 반증될 수밖에 없다고 이야기한다. 일반적인 서술은 특수한 상황에서는 결코 증명되지 못한다. 반면에 일반적인 서술은 양립할 수 없는 관찰에 의해 반증될 수 있다. 고대 유럽의 개념으로는 '백조(swan)는 희다'가 맞는 말이다. 그래서 '검정 백조'는 존재할 수 없는 사실을 나타내는 은유어가 되었다. 그러나 1697년, 독일의 한 탐험가가 호주의 서부 해안에서 검정 백조를 최초로 발견하였다. 그리고 '모든 백조는 희다'라는 진실은 이런 관측에 의해 반박되었다.

특히 귀납법은 일상생활의 문제에 있어서 가설(hypothesizing)의 특수한 형태라고 할 수 있다. 귀납법에 의해 만들어진 원칙은 아주 폭넓은 응용성을 갖는다. 동시에 오류일 가능성도 대단히 많다. 그럼에도 불구하고 일반 원칙은 어떤 상황에 우리가 어떻게 대처해야 할지에 대한 가이드라인을 제시해 준다. 물론 우리는 이런 결론과 논쟁을 일으킬 수 있는 반대 상황에도 주목해야 하고, 그에 따라 상황을 수정해야 한다.

일상생활의 경험은 제한적이며 일반적인 원칙을 귀납하기 위해 관찰하는 시간도 한시적이다. 그렇다면 귀납을 위해 다른 요소를 이끌어낼 수 있을까? 다행스럽게도 그렇다. 우리는 다른 사람의 충고를 받아들일 수 있다. 더 중요한 것은 과학서적에 나와 있는 일반 이론들을 간접 경험할 수 있다는 것이다. 그리고 이런 일반 이론들을 이용하여 우리가 당면하는 특수한 상황의 해결책을 귀납할 수 있는 것이다.

8.2 연역법

연역법(deduction)은 결론이 예전에 인정된 어떤 전제에 의해 도달되는 추론 과정이다. 전제조건이 맞는다면 다음 예에서 보듯이 논리적으로 그 결론은 틀릴 수 없다.

예 4

중앙 집중 에어컨(central air-conditioning)

성진 씨는 전기기사이다. 그는 미국에서 오타와의 하이테크 회사로 근무지를 옮겼다. 독신이며 월급이 많았기 때문에 그는 많은 돈을 모았다. 그는 오타와의 전셋집에서 1년을 살다가 타운하우스(우리의 빌라와 비슷한 개념으로 정원이 달린 일반 주택 단지이다)를 장만하였다.

그는 몇 달 후, 여유 자금을 이용하여 다른 타운하우스를 하나 더 구입해 몇 사람에게 전세를 놓았다. 때는 여름으로 바깥 기온은 30℃를 육박했다. 어느 날, 세입자 한 사람이 전화를 걸어서 자기 집의 에어컨이 제대로 작동을 하지 않는다고 했다.

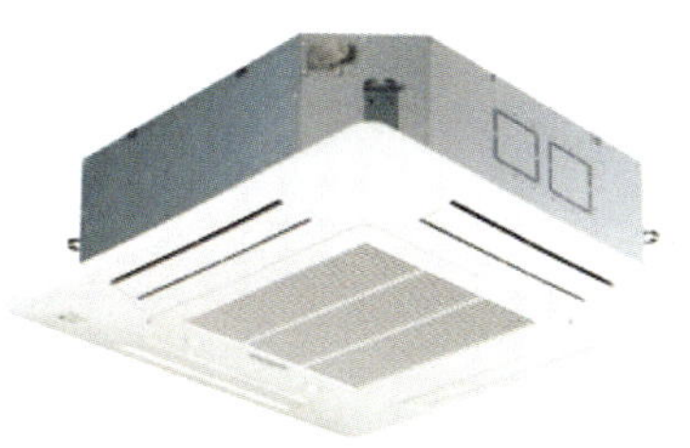

성진 씨가 살고 있는 타운하우스를 포함하여 오타와에 소재한 대부분의 타운하우스는 지하층을 갖는 이층집이다. 그러나 그가 전세를 준 타운하우스는 지하실이 없는 3층 건물이며 침실은 3층에 있었다. 그 집은 서향이므로 여름에 매우 덥지만, 이전의 집주인이 집 전체를 냉방할 수 있게 중앙 냉방 장치를 설치해 놓았다. 에어컨 냉각기는 땅 높이의 외부에 설치되어 있었고, 차가운 공기는 각 방의 송풍 덕트를 통해 주입되기 때문에 냉각 바람이 3층까지 도달하기에는 무리가 있었다.

성진 씨가 살고 있는 집은 남향이다. 여름에 그다지 덥지 않은 데다가 중앙 냉방 시스템도 아니다. 사실 그는 평생 동안 에어컨이 없는 단독주택과 아파트에서 생활을 했기 때문에 중앙 냉방 장치의 동작 원리에 대해 잘 모른다. 하지만 그는 전셋집의 에어컨이 오래되었기 때문에 정비가 필요하거나 아니면 완전히 새 것으로 교체해야 할 것으로 판단했다. 뭐라고 제안을 해야 할지는 정확하게 모르겠지만 며칠 뒤 자기가 들르겠다고 세입자에게 답을 했다.

잠시 후, 1주일 전에 자기의 전셋집 바로 옆집에 들렀던 기억이 났다. 그 집 부부는 50대인데 아내가 실내장식에 고급스런 취향을 갖고 있어서 집이 아주 멋있었다. 그들은 내부 인테리어를 자랑하면서 실내를 보여주었다. 바깥이 더웠기 때문에 중앙 냉방 장치를 틀고 있었는데, 성진 씨가 집안으로 들어설 때 1층은 0 ℃ 정도로 시원하게 느껴졌다. 2층은 그것보다는 약간 더 따뜻했으며 침실이 있는 3층은 아주 적당한 온도였다. 그는 그렇게 온도 차이가 생기는 이유를 생각해본 적이 없었다. 하지만 자기 세입자가 불만을 얘기하자 왜 그런 온도 차이가 생기는지에 대해 생각하기 시작했다. 그것은 아주 일반적인 원칙인 '뜨거운 공기는 위로 올라가고 차가운 공기는 가라앉는다'는 원리로 설명이 되었다. 따라서 3층에 있는 침실의 온도를 쾌적하게 유지하려면 에어컨을 최대로 가동해야 한다. 차가운 공기는 더 낮은 층으로 몰리므로 1층이 제일 추운 것이다.

성진 씨는 찬 공기에 대한 현상을 이해한 후 세입자에게 전화를 걸어 1층과 2층의 공기 송풍구를 모두 닫고 3층만 열어두라고 말했다. 3층의 차가운 공기는 결국 1층과 2층으로 내려갈 것이므로 집 전체의 온도는 비슷해질 것이다.

성진 씨의 아이디어는 적중했으며 세입자도 만족해 했다. 성진 씨는 그가 전혀 경험해본 적 없는 일이었지만, 과학 원리의 기초 지식에서 힌트를 얻어 문제를 해결할 수 있었다는 사실에 기뻤다.

그러므로 과학적 기초 지식을 알고 있으면 친숙하지 못한 상황에서도 이득을 볼 수 있다. 그리고 다음 예에서 볼 수 있듯이 과학적 기초 지식이 없으면 큰 재앙을 불러올 수도 있다.

예 5

마루바닥재(hardwood flooring)

홍콩에 사는 한 가족이 더 큰 집으로 이사를 하고 싶어 3층짜리 단독주택을 구입하였다. 각 층은 별도의 입구를 가진 독립된 공간으로 되어 있었다. 1층집 주인이 1년 이상 집을 비워두었기 때문에 집의 상태는 좋지 않았다. 그래서 새 집주인은 실내 디자이너 가인 씨를 총책임자로 하고 기식 씨에게 벽지를 떼어 내고 바닥을 완전히 새롭게 수리하도록 지시하였다. 기식 씨는 직업학교에 다닌 적은 없지만 전문가에게 기술을 배웠기 때문에 재능이 뛰어난 사람이었다.

마루바닥의 면적은 3000제곱피트였고 새 주인은 좋은 마루바닥재로 시공하기를 원했다. 나무판 한 장의 크기는 4.7인치 × 34.6인치(12 cm × 88 cm)이고 유럽에서 들여와야 하므로 총 비용은 10만 홍콩달러(미화 12,800달러)였다. 물품은 11월 말에 도착하였는데 이때는 이미 홍콩이 추운 시기였다. 전기배선과 히터 등은 아직 설치가 되지 않았지만, 예정보다 시공 절차가 너무 늦어졌으므로 기식 씨는 바닥재 설치를 먼저 했다. 며칠 동안 작업을 한 후 집안 대부분의 공사가 끝이 나 아주 훌륭해 보였다. 가인 씨의 뛰어난 디자인 작업 덕분이었다.

여름이 되어 온도가 20도까지 올라갔다. 집주인의 성화 때문에 마루바닥 보드는 가로로 배치를 하였다. 그런데 바닥재 시공을 겨울에 했기 때문에 여름이 되자 바닥재 보드들이 열을 받아서 팽창해 폭 방향으로 늘어났다(마루바닥재는 에어컨을 가동해 주면 원래 크기로 돌아온다).

가인 씨와 기식 씨는 열팽창이나 수축에 대한 과학적 기초 지식이 전혀 없었다. 재질은 가열되면 늘어나고 식으면 줄어든다. 그러나 이러한 과학적 기초 지식을 몰랐기 때문에 결정적인 실수로 엄청난 결과를 초래한 것이다.

예 6

신용카드 손상(credit card damage)

한나 씨는 지갑에 신용카드를 넣은 후 이를 핸드백에 넣어 들고 다닌다. 신용카드에는 자기테이프가 붙어 있는데 이 테이프에는 카드인식기(card reader)에서 읽을 수 있는 정보들이 들어 있다.

어느 날 그녀의 카드들을 인식기가 읽지 못하는 일이 일어났다. 상인들은 여러 번 인식기로 읽어 보다가 결국 카드번호를 수동으로 입력했다. 그래서 신용카드 회사에 전화를 걸어서 모든 카드를 새로 발급 받았다. 몇 달 후 그녀는 또 다시 인식기가 카드를 읽지 못하는 일을 경험하게 되었다.

그녀는 왜 그런 일이 일어나는지 궁금했다. 신용카드를 자석에 가까이 두면 손상을 입는다는 것은 그녀도 아는 사실이다. 하지만 그녀는 신용카드를 자석 근처에 둔 기억이 없다. 고등학교 때 배운 물리에서 전기장도 자기장을 만들어낸다는 사실을 기억해냈다. 하지만 어떤 전기장치가 그녀의 신용카드를 망가뜨린 것일까?

몇 달 전, 그녀는 헬스클럽에 가입을 했다. 라커의 옷장 문에는 귀중품을 라커에 두지 말라는 경고문이 붙어 있었는데, 매니저 말로는 열쇠로 잠가두어도 현금을 꺼내가는 일이 일어난다는 것이었다. 그래서 그녀는 신용카드가 들어있는 지갑을 핸드백에다 넣어서 운동을 하는 헬스기구 옆에다 두고 운동을 했다. 그녀는 그 헬스기계들에 흐르는 전기가 만드는 자기장에 의해 그녀의 신용카드가 망가진 것이라고 생각했다.

그렇게 판단한 후, 그녀는 신용카드를 다시 주문했다. 그리고 신용카드가 든 핸드백을 헬스기구와 30 cm 정도 떨어진 곳에 둔 채 운동을 해 보았다. 그 뒤로는 그녀의 신용카드에 아무 문제가 일어나지 않았다.

예 7

생활 철학(life philosophy)

육아(parenting)는 어렵다. 대부분의 부모들은 자기 아이들이 아무 탈 없이 자라 사회에서 도덕적으로 행동하고 적절한 대인관계를 갖기 바란다.

문호 씨는 아들과 딸을 두고 있는데, 현재는 둘 다 대학 기숙사에서 생활하고 있다. 한 달 후, 둘 다 개인적인 문제로 부모에게 충고를 얻길 원했고, 부모는 전화로 그들의 문제를 듣고 도움을 주기 위해 애썼다.

그날 저녁, 아버지는 컴퓨터 앞에 앉아 일상생활의 가이드라인에 대해 자식들에게 이메일을 보냈다. '생활 철학'이라는 제목이 붙은 이메일의 내용은 다음과 같다.

> 물리적 세상과 달리 인생에서 우리의 행동을 가이드해줄 법칙은 없다. 인생에는 물리학에 나오는 뉴턴의 운동법칙도 없고, 생물학에 나오는 멘델의 유전법칙도 없다. 수많은 장애요인이 존재하는 인생의 행로에서 우리는 어떻게 대처해야 할까? 여기에는 두 가지 가이드라인이 있다. 첫째, 사람은 이해심(considerate)이 많아야 하며 다른 사람이 나에게 해주기를 바라는 대로 다른 사람에게 해주어야 한다. 예컨대 네가 그런 사랑을 받기를 원하듯이 너의 부모, 형제 그리고 배우자와 자식들을 사랑하여라. 둘째, 적절하게(중용, moderation) 일을 처리하여라. 예컨대 하루 한 시간의 TV 시청은 즐겁지만 하루 8시간의 시청은 과하다. 불행하게도 중용은 그 뜻을 헤아리기가 어렵다. 중용이란 개인에 따라 그 정도가 다를 수 있기 때문에 개개인의 판단에 전적으로 의존한다. 따라서 판단의 근거는 너의 어떤 행동이 너의 신체적 · 감정적 풍요로움이나 너의 경력, 그리고 다른 사람과의 관계에 큰 지장을 주지 않는가 하는 것이다. 그러므로 누

군가가 자기 사무실에서 하루에 16시간씩 일을 하면서 운동이나 사회생활을 하지 않는다면 그는 건강한 인생을 이끌고 있다고 할 수 없다. 마찬가지로 월급의 반을 옷을 구입하는 데 써버린다면 집세나 음식을 사기에 충분한 돈이 없게 된다.

그러므로 다른 사람을 이해하는 행동거지를 갖고 대인관계에 임해야 하며 특별한 행동으로 과응대응하지 말기를 바란다.

우리는 이 내용이 너희들의 개인적인 문제를 해결하는 데 많은 도움이 되길 바란다.

항상 너희를 사랑하는
엄마와 아빠가

어떤 일반적인 원칙, 특히 기초 과학 이론을 이해하고 있으면 경험하지 못했거나 발생 가능한 문제 등을 해결할 수 있기 때문에 미지의 세계를 항해하는 데 많은 도움이 된다.

CHAPTER 09

선택적 해결법
alternative solutions

문제 상황을 검토하는 데에는 여러 가지 방법이 있으므로 문제는 다르게 정의될 수 있다. 그러므로 일단 정의된 문제를 해결하는 방법도 다양하다. 어떤 해결책은 다른 해결책보다 더 나을 수도 있다. 따라서 성급한 판단을 하기보다는 몇 가지 가능한 해법을 찾을 때까지 기다렸다가 그 중 어느 것이 최선인지 결정하는 것이 좋다. 그러나 어떤 해법이 최선인지 어떻게 알 수 있을까? 여기에 대해서는 12장에서 자세히 논의할 것이다. 일반적으로 말할 수 있는 것은 우리 스스로가 몇 가지 제안을 만들어서 각각의 해결책의 찬반양론에 무게를 두고 해결책을 결정하도록 훈련되어야 한다는 것이다.

정신적인 훈련을 해보자. 누르면 펌프를 통해 내용물이 뿜어 나오는 구조로 된 플라스틱 로션통을 준비하자. 내용물이 없으면 상부의 펌프 누르개를 아무리 눌러도 로션이 나오지 않는다. 어찌해야 할까? 가장 간단한 방법은 대부분의 사람처럼 통을 버리는 것이다. 아마 5 % 정도의 로션이 통 안의 바닥에 남아 있을 것이다. 로션이 끈적거린다면 통 내부 벽에 일부 붙어 있을 것이다. 그러므로 통을 그냥 버리게 되면 10 % 정도의 로션이 낭비되는 것이다. 하지만 우리는 마지막 한 방울까지 다 사용하고 싶어 한다. 10 %의 자원을 쉽게 절약할 수 있다면 그렇게 하지 않을 이유가 있을까?

근본적으로 우리는 펌프를 이용해 로션통 내부의 로션을 가능하면 다 꺼내 쓰고자 할 것이다. 한 가지 방법은 통을 거꾸로 뒤집어서 벽에 기대어 두는 것이다. 로션은 천천히 바닥으로부터 꼭대기 쪽으로(지금은 바닥) 흘러 내려올 것이다. 따라서 로션이 필요할 때마다 로션 뚜껑을 열고 필요한 만큼 로션을 부어 사용하면 된다. 그러나 이 방법은 보기에 그다지 좋지 않다. 그렇다면 펌프가 달린 로션통에서 로션을 완전히 꺼내어 쓸 수 있는 다른 방법(alternative ways)이 있을까? 이 장의 마지막 부분에 실려 있는 몇 가지 해결책을 보기 전에 스스로 한 번 생각을 해보자.

그 전에 선택적 해결책이 노력은 더 적지만 더 나은 보상을 가져다 주는 예를 살펴보자.

예 1

집 판매(selling a house)

1982년 5월, 경필 씨와 그의 아내는 프랑스에서 캐나다의 오타와로 이사를 왔다. 예전에 그랬듯이 아파트는 전세로 구했다. 반 년 후, 경필 씨는 삼촌으로부터 상속을 받았다. 그래서 부동산 업자에게 타운하우스를 구입하고 싶다고 했다. 그 당시 오타와의 타운하우스 가격은 5만 달러 정도였다. 모기지 이자율이 20 %를 훨씬 넘었기 때문에 그 가격은 아주 적당했다. 주택 시장이 냉각되어 있었기 때문이었다.

어느 토요일 날, 이 젊은 부부는 두 곳의 타운하우스를 보았다. 경필 씨 부부는 두 곳 다 마음에 들었지만 그 중 한 곳의 가격을 협상했다. 그날 저녁, 경필 씨는 타운하우스를 사고도 여윳돈이 있으므로 투자 목적으로 다른 집을 구입해 계약금(down payment)만 우선 지불하고, 전세를 주기로 했다. 그래서 부동산에 전화를 걸어 다른 타운하우스도 사고 싶다고 했다. 둘 다 계약이 성사되어 부부는 하루아침에 두 채의 집이 생겼다. 집을 한 번도 가진 적이 없는 사람에게는 파격적인 일이었다.

두 번째 집은 단순히 투자 목적으로 구입한 것이었는데, 다행스럽게도 모기지 이율이 9 %였기 때문에 이자율로 임차(rent) 비용을 내고도 남았다. 운 좋게도 캐나다의 모기지 비율이 점점 하락하고 오타와의 집값은 상승하기 시작하였다. 몇 년 후, 타운하우스의 가격은 65,000달러까지 올랐고, 경필 씨는 이윤을 극대화하기 위해 투자용으로 구입했던 타운하우스를 팔고 싶어 했다.

그들은 세입자에게 집을 팔려고 하는데 가격은 65,000달러라고 통지하였다. 세입자는 부동산소개소에 집을 내놓기 전에 10일 정도 기다려주면 은행에 자기들이 이 집을 구입하기 위해 대출을 받을 수 있는지 알아보겠다고 했고, 경필 씨는 그에 동의했다. 은행은 세입자에게 적어도 집값의 10 %인 6,500달러를 계약금으로 내야 대출이 가능하다고 했고, 불행하게도 세입자는 3,500달러 정도밖에 가지고 있지 않아 3,000달러가 모자랐다. 씁쓸하지만 세입자는 집주인에게 집을 매매한다는 광고를 내라고 했다.

10여명 이상의 사람들이 집을 보러 올 때마다 집주인은 세입자에게 집을 깨끗하게 잘 정돈해 달라고 부탁했다. 세입자는 짜증이 나서 집을 지저분한 상태로 놔두었고, 그 결과 경필 씨는 자기가 예상했던 것보다 좋은 가격으로는 팔지 못하게 되었다. 경필 씨는 부동산소개소에 집을 내놓은지 한 달도 더 지난 후 63,500달러에 집을 팔았다. 부동산소개소에 5 %인 3,175달러의 중개수수료를 주고 나니 집값은 60,325달러였다. 경필 씨가 4년 전에 이 집을 샀을 때의 가격이 50,000달러였으니 총 이득은 10,325달러였다. 제일 처음 그들이 지불한 계약금이 13,000달러였으므로 4년 동안 연 16 %의 고수익을 본 것이다(13,000달러를 투자하여 4년 만에 10,000달러 이상을 벌었는데 이를 복리로 계산하면 16 %가 나온다). 이는 아주 양호한 투자였다.

반 년 후, 경필 씨의 동생이 프랑스에서 찾아왔다. 경필 씨는 부동산에 경험도 없었지만 타운하우스를 구입하여 연 16 %의 수익을 얻었다고 동생에게 자랑을 하였다. 동생은 얘기를 듣더니 왜 세입자에게 그 돈을 주지 않았느냐고 물었다. 경필 씨가 "뭐?"라고 물으니까 동생이 왜 세입자에게 그들이 필요로 했던 3,000달러를 주지 않았느냐고 물어봤다. 동생의 설명이 계속되었다. 경필 씨는 세입자에게 3,000달러를 주었어야 했다. 그러면 그 집을 세입자에게 65,000달러에 팔 수 있었을 것이고, 그렇게 되었으면 부동산소개소에 수수료도 주지 않았어도 되며, 따라서 순수 판매 대금은 65,000 − 3,000 = 62,000달러였을 것이다. 4년 전, 이 집을 살 때 가격이 50,000달러였으니까 총 12,000달러의 이익을 남겼으며 이는 실제로 경필 씨가 남긴 이득인 10,325달러보다 1,675달러가 더 많은 것이다. 그렇게 했다면 부동산소개소에 가서 집을 내놓고 기다리는 번거로움까지도 덜 수 있었을 것이다. 게다가 지금은 자기 소유의 집을 가진 그 세입자를 기쁘게까지 했을 것이다.

12장에서 보게 되겠지만, 우리는 항상 최소한의 노력으로 최대의 성과를 얻을 수 있는 방법을 찾아야 하며 그렇게 해야 성공 확률도 높다.

경필 씨는 동생이 얘기한 방법은 한 번도 생각해본 적이 없다. 동생의 말을 듣고 보니 자신이 그리 현명하지 못했다는 생각이 들었다. 경필 씨와 아내는 교훈을 얻었다. 일을 처리할 때에는 상황을 향상시킬

수 있는 다른 선택적 방법이 존재할 수도 있다는 사실을 잊지 말아야 한다. 경필 씨는 그 뒤로 어떤 결심을 하기 전에 반드시 모든 가능성을 고려하는 데 시간을 할애하게 되었다.

예 2

집 구매(buying a house)

경필 씨 부부는 은행 잔고가 2,000달러 뿐이라 집은 말할 것도 없지만 차를 구입하기에도 부족하였다. 하지만 돈이 필요할 때에는 은행이 있다. 은행에 의논을 해보니 최대 350,000달러까지 빌려준다고 한다. 이 돈은 50만 달러짜리 집을 사기에는 충분하지 못하지만, 그들은 몇 가지 가능한 방법을 생각해 보았다.

(1) 타운하우스를 먼저 판다. 현재 그들이 살고 있는 타운하우스 가격이 220,000달러이다. 다른 집을 구입하기 전에 현재 살고 있는 집을 팔 수도 있다. 하지만 문제는 그들이 선호하는 부유촌에 집을 구할 수 없을 수도 있다는 점과 현재의 타운하우스를 그대로 소유하고 싶다는 것이다. 원하지 않는 곳에서 선호하는 지역으로 집을 옮길 수 있는 방법도 없다. 물론 타운하우스를 먼저 판매한 후 다른 타운하우스를 빌려서 지내다가 마음에 드는 집이 나오면 그 때 구입할 수도 있다. 하지만 이사는 너무 힘이 들기 때문에 꼭 필요할 경우가 아니면 가급적 이사를 하고 싶지 않았다.

(2) 조건부 제안. 현재 살고 있는 타운하우스를 판매한다는 전제조건 하에 새집 계약을 제안할 수 있다. 하지만 오타와의 부동산소개소 특히 부유촌을 상대로 하는 부동산은 매우 활황이다. 그래서 일단 부동산소개소에 집이 나오면 1~2주일 안에 팔려버린다. 때로는 여러 명이 한꺼번에 집을 사길 원해서 경매가 진행되기도 한다. 그러므로 이런 시장 상황에서는 어떤 사람이라도 이런 조건부 매매를 원하지 않을 것이다.

(3) 연결 융자(bridge loan). 살고 있는 집을 팔고 새집을 사는 과정에 생기는 공백을 매워줄 대출자금을 은행으로부터 차용할 수 있다. 하지만 이 대출은 집을 팔고자 하는 사람과 집을 사고자 하는 사람이 있다는 증거를 은행에 제출한 후 두 달간만 유효하다. 집을 사고자 하는 사람이 없다면 연결 융자도 어려운 것이다.

(4) 집 가격 기준시가 대출(Home equity line of credit). 집 가격 기준시가 대출은 현재 시장에 형성되어 있는 집 가격의 75 %까지 집주인에게 대출을 해주는 방법이다.

경필 씨는 앞에 나온 모든 제안 중에서 (4)번이 제일 실질적인 해결책이라고 생각했다. 현재의 자기 집에 대한 기준시가 대출을 이용해 계약금만큼만 대출을 받아서 새집을 계약한 후, 새집으로 다시 기준시가 대출을 받아서 새집의 잔금을 낸다. 즉 새집(아직 다 잔금을 치루지 않았기 때문에 완벽하게 자기들 집이 아닌)으로부터 새집을 구입할 자금을 빌리는 것이다. 은행에서는 경필 씨의 계획이 타당하다고 인정하였다. 사실 경필 씨는 최악의 경우에 대비한 계획도 갖고 있다. 타운하우스가 팔리지 않는 최악의 경우에는 새 집을 전세로 빌린 후 그 비용을 모기지 이율로 충당할 생각도 하고 있었다.

경필 씨와 그의 아내는 집을 보러 나갔다. 몇 주 후, 부동산소개소에 나온지 24간이 채 안 된 집을 한 처 구입했다. 집 가격은 45만 달러였다. 현재 살고 있는 집의 가격 기준시가 대출로 새 집 비용의 25 %를 지불하였으며 기준시가 대출을 받아서 새집의 계약금을 지불하였다. 즉 그들은 돈을 한 푼도 들이지 않고 새집을 장만한 것이다.

그런 후, 새집의 계약이 끝난지 6개월만에 현재의 타운하우스를 팔았다. 그들이 연결 융자를 이용했다면 곤란에 빠져 새집의 구입자금을 충당하지도 못했을 것이다.

시간이 충분하다면 처음 내린 결론을 해결책으로 밀어붙이지 마라. 다른 가능성을 검토하는 데 시간을 할애하여라. 문제에 대해 충분히 검토하라.

대부분의 아이디어들은 자라서 발전하려면 시간이 필요하다. 어떤 개념이 형태를 갖추기 위해서는 이런 숙성의 시간이 필요한 법이다.

예 3

이 닦기(brushing teeth)

나경 씨는 1년에 두 번씩 정기검진과 청결을 위해 치과를 방문한다. 젊은 시절에는 어떻게 치아를 관리하는지 몰랐다. 그러다 50대 초반이 되자 관리를 제대로 하지 못한 탓에 잇몸이 안 좋아졌다.

치과의사가 이를 어떻게 닦아야 하는지 가르쳐주었다. 이를 옆으로 닦게 되면 치아의 에나멜이 벗겨지고 잇몸도 나빠지게 된다. 대신 칫솔이 잇몸과 45도를 이루도록 해서 잇몸에서 치아 쪽으로 움직이도록 닦아야 잇몸선(치아와 잇몸이 만나면서 이루는 선)에 생기는 프라그가 제거된다. 치아 바깥쪽을 이런 식으로 전부 닦은 후, 같은 방법으로 치아의 안쪽도 닦아주어야 한다.

나경 씨는 의사가 알려준 방법을 정확히 지켰다. 그런데 치아 바깥쪽 표면을 닦는 것은 문제가 없었지만 치아 안쪽, 특히 오른쪽 안 표면을 닦는 것이 어려웠다.

좀 익숙해지자 중앙과 왼쪽의 안쪽 표면을 닦는 데는 많이 익숙해졌지만 오른쪽 안 표면의 아래 위 치아를 닦는 것은 여전히 어려웠다. 이런 애로사항을 치과의사에게 얘기했지만 의사는 별다른 해결책을 제시하지 못했다.

어느 날 아침, 침대에서 일어나기 전 갑자기 한 가지 아이디어가 떠올랐다. 그녀는 오른손잡이이다. 그것이 그녀가 오른쪽 치아의 안쪽 표면을 닦기가 어려운 이유였다. 그래서 그 부위를 닦기 위해 왼손으로 이를 닦는 연습을 했다. 이 아이디어로 그녀는 모든 위치의 이를 고루 잘 닦게 되었다.

예 4

지역 화폐(local currency)

순근이는 미국 샌프란시스코에 살고 있다. 2007년 7월, 네 명의 가족은 체코 프라하로 여행을 가서 호텔에 4일간 묶었다. 여행사에서 예약한 호텔은 하룻밤에 83유로였다.

호텔에 도착했을 때 어머니는 호텔 비용을 체코의 지방화폐인 크라운으로 지불해도 되는지 안내데스크에 문의를 했고 그렇게 할 수 있다고 해서 하룻밤에 2347크라운을 지불했다. 1유로는 30크라운이므로 방 하나에 (83×30−2347)=143크라운을 절약한 셈이었다. 4일간 방 두 개를 빌렸으므로 (143×2×4)=1144크라운을 절약한 것인데, 이는 미화로 56달러 정도이다.

예 5

플라스틱 세탁물 수집통(plastic laundry hampers)

찬웅 씨는 미국 뉴욕 주의 조그마한 마을인 세네카에 살고 있다. 2002년, 그의 아들 정석이가 뉴욕어 있는 대학에 가기 위해 집을 떠났고, 석 달에 한 번씩 찬웅 씨 부부는 5시간가량 운전을 하여 아들에게 가곤 했다.

2004년 11월, 부부는 아들을 보러 뉴욕으로 갔다. 점심을 먹으면서 아들이 하는 얘기가, 한 달 전에 세탁물 수집통(뚜껑이 있는 아주 큰 통으로 세탁물의 냄새나 땀이 증발하기 쉽도록 측면에 1 cm × 1 cm 크기의 구멍들이 가지런히 뚫려 있다)이 망가져 새로 사러 갔다고 한다. 정석이는 차가 없었기 때문에 20분을 걸어서 세탁물 수집통을 집으로 가져왔단다. 수집통의 무게는 1.7 kg 정도여서 그리 무겁지는 않지만 크기가 48 cm × 48 cm여서 옮기기가 어려웠다. 집으로 오는 동안 수집통을 가슴에 안고 왔다고 했다.

아버지는 왜 종업원에게 비닐봉지를 달라고 하지 않았느냐고 물었다(친환경적으로 말하자면 얇은 천으로 된 포장지가 더 좋겠지만). 아버지는 수집통 측면에 구멍이 많이 뚫려있기 때문에 비닐봉지를 그 구멍에 묶은 뒤 손잡이를 만들 수 있지 않느냐고 했다. 그러면 수집통을 옆에 끼고 올 수 있기 때문에 훨씬 편하게 집까지 올 수 있었을 것이라고 했다.

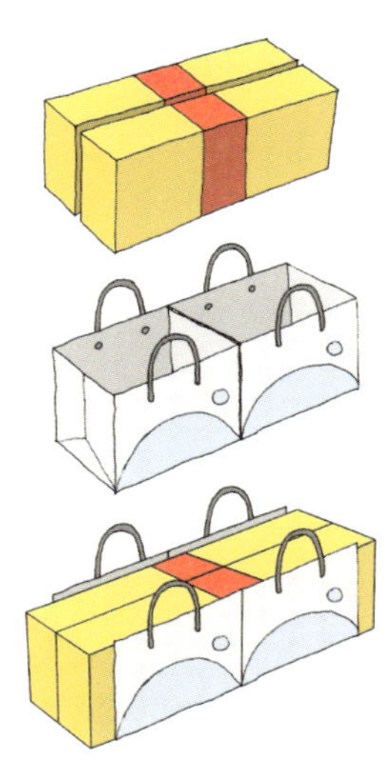

아버지는 3년 전, 한 상점에서 두 개의 철제 책꽂이를 샀던 일을 이야기해 주었다. 각 책꽂이는 조립식 박스에 들어있었는데 그 박스의 크기는 길이 91 cm, 폭 20 cm, 그리고 두께가 7.6 cm였다. 집까지는 걸어서 25분 정도 걸리므로 두 개의 책꽂이 박스를 들고 가기는 힘들었다. 그래서 그는 조그마한 가위를 가져가서 점원에게 손잡이가 달린 종이가방 두 개를 달라고 부탁했다. 종이가방을 열면 뚜껑이 없는 박스처럼 보였는데, 종이가방은 길이가 43 cm이고 폭이 38cm, 그리고 높이가 38 cm였다. 가위를 이용해 가방의 네 군데 모서리를 자른 뒤 두 개의 좁은 면을 바닥 쪽으로 접어 넣었다. 다른 가방도 똑같이 만들었다. 두 개의 종이가방을 길이 방향으로 붙여서 놓았다. 두 개의 책꽂이용 박스도 바닥에 놓여 있는 종이가방의 윗부분에 서로의 모서리가 나란히 겹치도록, 그리고 높이도 같도록 놓았다. 그런 후 종이가방의 네 개 손잡이를 잡았다. 박스가 밑 부분부터 균형을 잘 이루었는지 확인한 다음 큰 어려움 없이 두 개의 금속 책꽂이를 집으로 옮길 수 있었다.

아버지는 또 찬웅 씨에게 할아버지가 30분이 걸리는 집까지 두 개의 큰 요리용 기름통을 어떻게 들고 왔는지 얘기해 주었다. 아버지가 어릴 때 집이 매우 가난해서 식료품을 살 때에도 세일을 할 때까지 기다려야만 했다. 어느 주말, 할아버지가 가게에 들렀더니 요리용 기름이 세일 중이었다. 그래서 할아버지는 두 개의 큰 통을 구입했다. 통 하나에는 3리터의 기름이 들어있으며 무게가 3 kg이었다. 가게 점원이 들고 가기 쉽도록 줄을 이용해 통 두 개를 묶어 주었다. 묶은 줄을 손에 쥐고 5분 정도 가다보니 줄이 손바닥을 파고드는 느낌이었다. 할아버지는 줄이 손에 미치는 압력을 완충할 수 있는 물건이 필요하다고 생각했다. 그래서 양말 두 짝을 벗어서 오른손에 겹쳐 끼었다. 이렇게 하여 어려움 없이 기름을 들고 올 수 있었다.

아버지가 아들에게 들려준 이 실화들은 일을 쉽게 할 수 있는 선택적 방법을 찾고자 노력한다면 우리의 삶이 더욱 활력을 가질 수 있다는 교훈을 준다.

예 6

요리용 기름병(cooking oil bottle)

남편인 기득 씨가 식료품가게에서 시장을 봐오면 아내 예지 씨는 요리를 한다.

어느 날 기득 씨는 세일 중인 어떤 상표의 요리용 기름을 두 병 구입했다. 예지 씨는 한 병을 사용하다가 문제가 있음을 알았다. 병 주둥이의 직경이 3.2 cm 정도로 너무 넓어서 기름을 붓는 양을 조절하기가 매우 어려웠다. 요리를 위해 기름을 부을 때마다 원하던 양보다 더 많이 부어졌다. 그래서 예지 씨는 남편에게 이 상표는 앞으로 절대 구입하지 말라고 얘기했다.

기득 씨도 그 병의 주둥이가 너무 넓다는 사실에 동의했다. 주둥이가 넓으면 소비자들이 필요량보다 더 많이 사용하게 되어서 결국 더 많은 기름을 사게 하려는 제조사의 속셈이 숨어 있다고 일반적으로 짐작할 것이다.

기득 씨는 기름병 주둥이를 알루미늄 호일을 이용하여 감쌌다. 그리곤 끈을 이용하여 호일 둘레가 풀리지 않도록 고정을 해주었다. 호일을 고정한 뒤, 중앙에 2.4 mm 정도의 구멍을 뚫었다. 그렇게 하여 오일의 양을 조절할 수 있었다.

예지 씨는 그 해결책을 아주 마음에 들어 하였으며 더 이상 불평을 하지 않았다.

예 7

화장실 훈련(toilet training)

아이가 어릴 때에는 엄마가 항상 기저귀를 채워둔다. 화장실 훈련이란 기저귀를 뗀 후 화장실 사용법을 익히는 것이다.

효원 씨와 준섭 씨는 낮에 직장에 다닌다. 그들은 딸 소현이를 키우고 있는데, 소현이가 막 태어났을 때에는 엄마인 효원 씨가 6개월 동안 집에서 아이를 돌봤다. 그러나 효원 씨가 직장에 다시 나가면서 낮에는 아이 돌보는 사람을 고용했다.

소현이가 두 살이 되자 엄마는 이제 화장실 훈련을 할 때가 되었다고 생각했다. 소현이는 영리한 아이라 빨리 배웠다. 하지만 잠자리에 들기 전에 항상 화장실에 데려가도 소현이는 밤에 자면서 팬티에 오줌을 쌌다.

효원 씨와 준섭 씨는 아이가 밤에 침대에서 오줌을 싸는 버릇을 어떻게 고쳐야 할지 고민이었다. 그래서 아이 돌보는 사람에게 자문을 구했다. 아이에 대한 경험이 아주 많았던 보모는 간단한 방법을 알려주었다. 부모는 보통 아이가 잠든 후 두세 시간 뒤에 잠을 자게 되므로 부모들이 잠을 자러 갈 때 아이를 깨워서 화장실에 가게 하라는 것이었다. 아이들은 잠에서 깨어도 금방 다시 잠이 든다고 보모는 말했다.

그녀의 충고는 효과적이어서 소현이는 더 이상 침대에 오줌을 싸지 않게 되었다.

이 예제는 문제에 관해, 특히 자기의 전문분야가 아닌 부분에 대해서는 다른 사람과 대화를 해야 한다는 것을 보여준다. 그러나 다음의 예에서 보여주듯이, 이것이 본인의 생각을 등한시하라는 말은 결코 아니다.

예 8

모기지 위약금(mortgage penalty)

1991년, 봉진 씨는 캐나다의 콘월로 이사를 왔다. 1년 후 그는 집을 사기 위해 은행에서 10만 달러를 빌려야 했다. 은행에서는 대출금을 만기 전에 갚을 경우, 대출이자 3개월분에 해당하는 돈을 위약금(penalty)으로 내야 한다고 말해 주었다. 그리고 매년 원금의 15 %는 위약금 없이 갚을 수 있다고 얘기해 주었다.

봉진 씨는 이듬해부터 여윳돈이 있을 때마다 어떤 때에는 수천 달러씩 대출금을 갚아 나가기 시작했다. 그는 2006년 초, 집을 팔고 토론토로 이사를 했다. 집을 팔았으므로 갚은 돈을 뺀 나머지 대출금을 은행에 갚아야 했다. 그 때까지 은행에 부채로 남은 돈이 4만 달러였고 연이자는 7 %였다. 3개월 이자에 해당하는 위약금은 700달러였다. 그러나 그는 돈을 절약할 수 있는 선택적 방법이 있음을 알았다. 올해 위약금 없이 갚을 수 있는 15 %를 먼저 낸 후, 나머지 돈에 대해 3개월 이자에 해당하는 위약금을 내는 것이다. 이것은 금융상담가가 그에게 가르쳐준 방법이었다. 그리하여 437.5달러의 위약금만 내게 되어서 262.5달러를 절약할 수 있었다.

몇 달 후, 봉진 씨는 신문을 보다가 약간 놀랐다. 많은 모기지 대출자들이 그런 선택적 방법이 있다는 사실을 모르고 있어서 몇몇 캐나다 소

재 은행을 상대로 3개월 위약금에 관해 변호사를 위임하여 집단소송을 진행 중이라는 내용이었다. 이 소송에서 주장하는 바는 계약만기일에 모기지 비용을 지불한 후 위약금을 내면 더 적게 위약금을 낼 수 있다는 사실을 은행이 미리 말해주지 않았다는 것이다. 이와 관련해 한 은행과의 소송에서 변호사가 승소했는데, 그 은행은 고객들에게 위약금 차액을 돌려주었다. 하지만 다른 은행들은 모기지를 다른 방법으로 종료함으로써 돈을 절약할 수 있다는 사실까지 고객들에게 전달할 의무는 없다고 주장하면서 항소하였다.

은행이 그런 의무를 가지고 있는지 여부는 논란거리이다. 하지만 은행에 근무하는 금융상담사는 은행을 위해 일을 하므로 은행에 이익이 되도록 할 것이다. 고객의 입장에서 본다면 여러분은 이자를 가지고 여러분과 투쟁을 벌이는 은행의 금융상담사와 그 목적이 완전히 다르다. 그러므로 여러분의 상담사에게 가능하면 많은 정보를 얻는 것이 좋지만, 진정으로 돈을 절약하길 원한다면 여러분 스스로 생각을 많이 해야 한다.

예 9

마이크로피시(microfiche)

마이크로피시는 문서나 신문 같은 인쇄물이나 그림을 축소하여 사진으로 보관하는 미세필름으로, 원본 크기를 1/25배까지 줄여서 보관할 수 있다. 필름은 양화(positive film)와 음화(negative film)의 두 가지가 존재하지만 음화가 대부분이다.

소영 씨는 마카오에 살고 있다. 2006년 어느 날, 그녀는 종이박스에 담긴 오래된 문서를 살펴보다가 돌아가신 할아버지 명의로 된 땅문서(land deed)가 들어 있는 봉투를 발견하였다. 그것은 할아버지가 80년 전에 중국에서 구입했던 땅의 문서였다.

봉투를 열자 안에서 10 cm × 15 cm 크기의 음화 마이크로피시가 나왔다. 그녀는 이 마이크로피시에 어떤 내용이 들어있는지 무척 궁금했다. 그래서 몇 군데의 사진관에 들러 음화 필름으로 재생이 가능한지 문의하였다. 그러나 그들은 그런 설비를 갖추고 있지 못했다. 마침내 그런 설비가 있는 곳을 찾기는 했지만 비용이 100달러나 든다고 했다. 그녀는 가격이 좀 비싼 것 같아서 좀 더 생각해 보고 오겠다고 했다.

소영 씨는 집으로 돌아오는 길에 남동생을 만나서 마이크로피시를 인화하는 문제에 관해 이야기를 했다. 동생은 컴퓨터 프로그램에 능한 조카에게 마이크로피시를 부탁해 보자고 했다. 조카가 스캐너를 이용하여 스캔한 후 컴퓨터 소프트웨어를 이용하여 확대해 몇 부분으로 나누어 프린트하면 될 거라고 동생은 말했다.

소영 씨는 남동생의 권유를 받아들여 조카에게 부탁을 했고, 조카는 그 문서를 몇 장의 종이에 나누어 프린트를 해서 갖다 주었다.

예 10

창 가리개(horizontal venetian blind and toilet paper roll)

베니션블라인드는 길고 폭이 좁은 판지를 줄로 묶어서 만든 창문용 블라인드이다. 수직으로 달린 회전 막대를 돌리면 판지(slat)가 열리거나 닫혀서 태양 빛의 양을 조정할 수 있다.

보현 씨와 은지 씨는 수평 베니션블라인드를 침실에 달았다. 은지 씨는 아침마다 햇빛이 침실에 들어오도록 블라인드를 열고 잘 때에만 닫

았다. 보현 씨는 은지 씨가 블라인드를 끝까지 내렸을 때에는 판지가 항상 열려 있다는 사실을 깨달았다. 어느 날, 보현 씨는 아내에게 블라인드를 내려놓을 때에 판지를 항상 열어두는 특별한 이유가 있는지 물어 보았다. 아내는 특별한 이유는 없다고 대답했다. 아내는 판지를 돌려서 열어두거나 닫아두는 것의 차이에 대해 한 번도 생각해본 적이 없었다.

판지를 열어두면 아침 햇살의 눈부심 때문에 그들이 일어나고자 하는 시간보다 더 일찍 일어나게 된다고 보현 씨가 설명을 해주었다. 더군다나 여름 오후의 햇살은 침실을 더 덥게 만들었다. 게다가 판지가 너무 오랜 시간 열려 있으면 창문 아래의 카펫이 빛에 바래게 된다. 판지가 닫혀 있어야 대부분의 햇빛이 차단되기 때문이다.

일을 하는 방법에 따라 그 결과는 판이하게 달라진다. 그러나 어떤 사람들은 이런 차이점을 잘 인식하지 못하고 있다. 화장실에 롤 화장지를 꽂아 두고 사용할 경우 화장지가 위에서부터 공급되도록 할 것인지 아니면 방향을 바꾸어 아래에서부터 공급되게 할 것인지를 물어보는 아주 오래된 철학적 질문이 있다.

대개 사람들은 화장지가 다 되면 별다른 생각 없이 새 롤로 바꾸어준다. 하지만 화장지를 거치대에 꽂는 방법에 따라 차이가 난다. 위에서 공급되도록 꽂으면 화장지를 빼 쓰기가 쉽고 특히 한밤중에 자다가 일어나 화장실에 갔을 경우에는 더 사용하기 쉽다. 그럼에도 불구하고 휴지를 자꾸 필요 없이 빼내려고 하는 강아지나 아기가 있다면 빼기가 더 어렵도록 하기 위해 아래에서 공급되도록 하는 편이 더 낫다.

은지 씨는 이런 중요한 차이점을 깨닫지 못했었다. 그녀가 보현 씨와 처음 결혼하였을 때에는 화장지가 공급되는 방법에 신경 쓰지 않고 그냥 꽂아 사용하였다. 그들은 아이도 없고 애완동물도 없었기 때문에 보현 씨 생각에는 화장지가 위에서 공급되도록 하는 것이 좋을 것 같았다. 그래서 화장지가 아래에서 공급되도록 꽂혀 있을 때마다 방향을 바꿔주곤 했다. 보현 씨와 위쪽으로 꽂을 때의 편리성에 대해 대화를 나눈 후, 은지 씨는 항상 위쪽으로 오도록 화장지를 꽂게 되었다.

예 11

아파트 개조(apartment renovation)

윤주 씨는 상하이에 자기 어머니가 최근 구입한 15년 된 아파트와 몇 블록 떨어진 곳에 살고 있다. 그 아파트는 84 m^2로, 12층에 위치해 있으며 항구 쪽을 바라보고 있어서 전망이 매우 좋았다. 그러나 어머니는 아파트의 내부 구조가 맘에 들지 않는다며 벽을 헐고 내부를 완전히 개조하고 싶어 하셨다.

윤주 씨는 실내장식 전문가였기 때문에 내부 구조 디자인을 직접 한 후 시공자를 감독하면서 개조를 하였다. 3개월 동안 수리를 한 후 어머니가 이사를 오셨다.

4개월 후, 외지에 살고 있던 윤주 씨의 남동생인 상만 씨가 어머니 집을 보러 왔다. 상만 씨는 아파트에 들어서자마자 옷장의 일부가 항구 쪽으로 향한 창문의 일부를 가리고 있는 것을 보고 깜짝 놀랐다. 상만 씨는 누나에게 왜 옷장을 그런 위치에 두어 전망을 가리게 만들었느냐고 물어보았고, 누나는 어머니가 당신의 모든 옷을 다 넣어 두기 위해 3.7 m에 달하는 큰 옷장을 필요로 했기 때문이라고 대답했다. 그래서

1.8 m 크기의 옷장 두 개를 중간에 옷을 꺼내기 위한 공간을 띄워둔 채 설치했던 것이었다. 그녀 생각에는 그렇게 옷장을 설치하는 것이 최상의 방법이었으며, 그로 인해 옷장 중 하나가 창문의 일부를 가리게 된 것이라고 했다.

상만 씨는 누나의 디자인 개념이 좀 이상하다고 느꼈다. 이 아파트의 장점 중의 하나가 항구를 바라볼 수 있는 전망을 가졌다는 것인데, 전망의 일부를 가린다는 것은 말이 되지 않았다. 게다가 옷장 사이의 복도 공간은 쓸모없는 공간이다.

윤주 씨는 그 문제에서 꼭 지켜져야 할 조건(constraint)이 무엇인지 이해하지 못한 것 같았다. 지금의 경우, 꼭 지켜져야 할 조건은 3.7 m 너비의 옷장 폭이다. 옷장은 아파트 내부의 어떤 공간이라도 쓸모 있는 공간이나 전망을 가리지 않는 위치이면 설치가 가능하다.

모든 문제는 제한조건(꼭 지켜져야 할 조건)을 갖고 있다. 일상적인 제한조건은 시간, 돈 그리고 노동이다. 우리는 무한정의 시간, 무한대의 자금, 업무 처리를 위한 한없는 노동력 등을 가질 수 없다. 다른 제한조건으로는 우리가 생활하면서 지켜야 할 규칙이나 법규 등이 있다. 정해진 범주 내에서 이득을 어떻게 최대로 할 것인지 파악해내야 한다. 앞에서 예를 들었던 모기지 위약금 문제가 아주 좋은 예이다. 제한조건 안에서 최적의 해결책을 찾을 수 있다. 제한조건은 많은 반면 해결책은 아주 드문 문제도 종종 생긴다. 하지만 가장 바람직하고 만족스러운 해결책을 찾는 것은 결국 우리 자신에게 달려 있다.

요약하자면, 우리는 항상 선택적 해결법에 눈을 돌려야 하며, 틀의 바깥에서 문제를 바라볼 수 있도록 스스로를 훈련시켜야 한다. 틀이란 우리에게 친숙한 모습이나 개념이다.

토마스 쿤은 자신의 저서 「과학혁명의 구조(The structure of scientific revolution)」에서 일련의 추종자들을 매혹시키는 세상을 바라보는 양상이나 과학적 이론으로 과학 세계를 묘사하였다. 과학의 이론이 지켜지는 범주 내에서 기본적인 가정이 변화할 때 과학의 개념은 변화하여 새로운 과학 혁명을 이끈다.

이와 유사하게, 문제를 해결하는 다른 방법을 찾게 되면 현재 보이는 전통적인 개념을 넘어서 완벽하게 새로운 해답에 이르게 된다. 19세기 독일의 철학자 니체는 "새로운 성역(sanctuary)을 만들기 위해서는 성역이 반드시 무너져야 한다. 이것이 법칙이다"라고 말했다.

게다가 어떤 문제들은 일부 제한조건들은 향상시킬 수도 있다. 다른 해법을 찾는 것을 방해하는 기존의 가정이 존재할 수도 있다. 이런 가정들은 새로운 아이디어가 싹트게 하기 위해 반드시 제거되어야 한다. 우리는 정해진 사고의 형태를 따라서는 안 된다. 문제를 풀기 위해 절대적인 것은 없다. 그저 하나의 가이드라인 정도는 있을 수 있지만 말이다.

이제 앞으로 돌아가서 로션통에 남아 있는 마지막 한 방울의 로션까지도 꺼내는 다양한 방법을 살펴보자.

9.1 펌프가 달린 로션통

펌프를 이용해 가능하면 많은 양의 로션을 꺼내는 선택적 방법이 몇 가지 존재한다.

(1) 로션통을 테이블에 옆으로 눕혀 안쪽 면에 로션이 모이도록 만든다. 사용할 때마다 꼭지를 열어서 펌프 튜브로 로션 일부를 찍어내 사용한다. 그러나 이 방법은 처음에 제한한 통을 거꾸로 세우는 방법보다 더 못하다.

(2) 둥근 모양의 작고 속이 빈 크림통을 찾아서 뚜껑을 없애라. 로션통의 펌프헤드를 제거하라. 로션통을 거꾸로 하여 크림통 주둥이

와 맞추어서 로션이 크림통 안으로 들어가도록 하자. 로션이 다 흘러나오면 크림통에서 로션을 꺼내 쓸 수 있다. 로션통의 입구 주위에는 그래도 약간의 로션이 남아 있을 것이다. 만약 마지막 한 방울까지 사용하고자 한다면 손가락으로 긁어내 사용하면 된다.

(3) 일부 로션병은 두 가지 다른 형태로 판매된다. 하나는 펌프형이고 다른 하나는 플립업(꼭지를 세워서 짜 쓰는) 형태이다. 일반적으로 플립업이 펌프형보다 더 저렴한데, 둘 다 구입한다. 펌프형에서 더 이상 로션을 꺼낼 수 없을 때 플립업 통의 뚜껑을 열어 펌프형 통에 끼운다. 다 쓴 펌프형 로션통을 거꾸로 벽에 세워 두어서 마지막 로션까지도 입구로 흘러나오게 만든다. 로션을 사용할 때마다 플립캡으로 로션이 흘러나오도록 짜서 사용한다.

(4) 로션통 중간을 가위를 이용해 절단한 후 마지막 한 방울까지 사용한다.

CHAPTER 10

관 계
relation

관계(relation)는 다른 물체, 사건 그리고 아이디어 사이의 연결(connection)이나 연합(association)이다. 문제를 해결한다는 것은 분산된 개념들 간의 다양한 관계를 볼줄 아는 능력을 가진 것과 깊은 관련성을 가진다.

예로서, 한 물체를 택하여 우리의 생각과 다른 사람의 생각이 어떻게 다른지 생각해 보자. 그들이 아무리 억지스럽더라도 우리가 할 수 있는 모든 가능성을 상상해 보아라. 이런 작업을 벽돌 조각, 종이 클립 그리고 연필 등에 대해 시도해 보아라.

옷장 서랍(drawer)을 예로 들어보자. 이는 가구의 일부분인 박스 형태의 보관 용기로서 밀고 당겨서 사용하도록 만들어진다. 하지만 다른 용도로 사용할 수는 없을까?

영국의 한 대학 기숙사에서 한 학생이 장학금을 탄 것을 기념하기 위해 친구 10명이 모여 저녁 파티를 준비하고 있다. 그러나 의자가 충분하지 못했다. 그래서 누군가가 책상의 서랍을 사용하자는 아이디어를 냈다. 몇 개의 서랍을 수직으로 세워서 의자 높이와 같게 만들었다. 학생들은 쌓아올린 서랍에 앉아서 저녁식사를 즐겼다.

무관해 보이는 두 가지 이상의 개념을 결합하는 능력이 없다면 다음 예에서 보이듯이 문제를 풀 수 없는 경우도 생긴다.

예 1

마스킹테이프(masking tape)

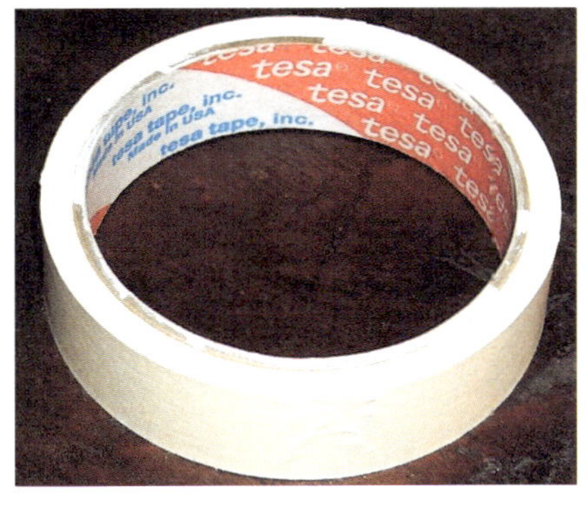

마스킹테이프는 칠을 하지 않아야 할 부분을 가리는 데 주로 사용된다. 이것을 다른 용도로도 사용할 수 있을까?

재훈 씨는 어린 시절에 이를 잘 관리하지 않았다. 40대 후반이 되자 이가 말썽을 일으키기 시작했다. 치과의사는 무엇을 먹고 난 후에는 매번 치실을 사용하고 이를 닦으라고 지시했다. 그는 하루에 세 번의 식사와 세 번의 간식을 먹기 때문에 총 6번의 치실질을 해야 한다. 치실질을 할 때마다 두 손의 둘째손가락 첫 마디에 치실을 감자 몇 주 동안 치실질을 하고 난 후에는 첫 번째 마디가 헐게 되었다. 그는 손가락의 피부를 보호하기 위해 치실질을 하기 전에 마스킹테이프를 조그맣게 잘라서 두 집게손가락 마디에 감쌌다. 그러고 나서부터 집게손가락의 마디에는 문제가 없었다.

마스킹테이프는 가위로 자를 필요도 없어서 사용하기에 편리하다. 손가락으로 찢어도 쉽게 잘라진다. 다음의 예에서 보여주듯, 다른 목적에 적용 가능한 다양한 물건들이 있다.

예 2

드릴 비트(drill bit)

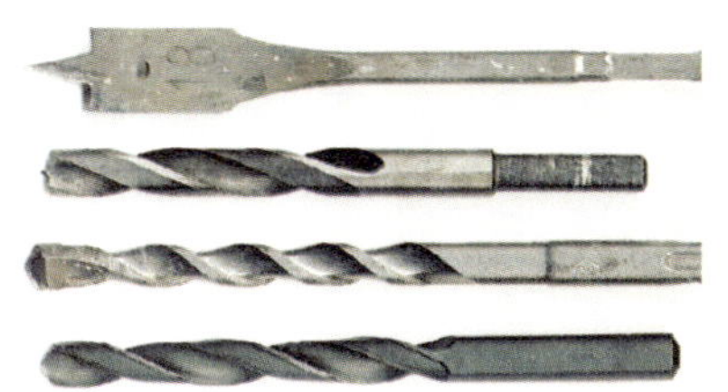
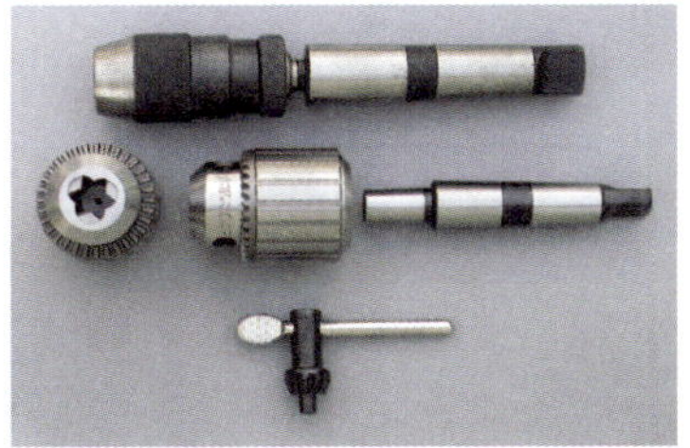
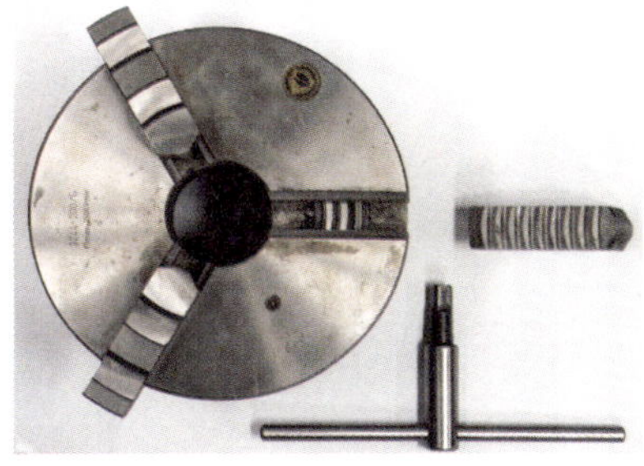

드릴은 드릴비트를 이용해 금속이나 나무 등에 구멍을 뚫는 기구이다. 드릴 끝에는 드릴비트를 잡아주는 삼각형으로 배치된 잠금장치(chuck)가 있다. 이 잠금장치는 회전을 시켜주면 직경이 줄었다 늘었다 하면서 드릴비트를 꼭 잡아주며 다양한 직경의 드릴비트를 사용할 수 있게 해준다. 이 잠금장치를 손으로 잠그기도 하지만 보조장치를 이용하여 강하게 잠그기도 한다.

드릴비트가 완벽하게 잠금장치에 물리면 대상물체에 대고 회전시키면서 누르게 된다. 드릴비트의 끝은 회전하면서 물체의 표면을 얇게 벗겨내게 된다. 구멍을 뚫으려면 처음에는 지름이 작은 비트를 사용하다가 점점 더 큰 비트를 사용하여 원하는 크기에 도달해야 한다.

인섭 씨는 자기 집을 리모델링하면서 친구인 민수 씨에게 도와달라고 부탁을 했다.

인섭 씨는 금속 조각에 구멍을 내기 위해 먼저 1.6 mm 지름의 티타늄 드릴비트를 사용하였다. 점점 드릴비트 지름을 증가시키다가 원하던 크기인 6.4 mm까지 증가하였다. 그 순간 드릴비트가 잠금장치에서 조금씩 미끄러진다는 것을 알았다. 아마도 구멍을 뚫을 때 생기는 큰 회전 저항력(torque resistance) 때문일 것이다. 인섭 씨는 이 일을 빨리 마치고 싶었지만 어떻게 해야 할지 잘 몰랐다. 그래서 민수 씨에게 조언을 구했다.

민수 씨는 6.4 mm 비트를 먼저 빼내라고 했다. 그리고 마스킹테이프를 0.5 cm × 2.54 cm 크기로 자른 후 드릴비트의 끝부분에 길이 방향으로 붙여서 다시 잠금장치에 물리라고 했다.

인섭 씨는 민수 씨가 시키는 대로 했고, 마스킹테이프에 의해 생긴 마찰력이 드릴비트가 미끄러지지 않고 잘 회전하도록 만들어 주었다.

예 3

음료수와 팬티(soft drink and pants)

한 부부가 5살짜리 딸아이와 3살짜리 아들을 피자가게에 데리고 갔다. 그들은 피자와 음료수를 주문했다. 늘 그렇듯이 음료수가 먼저 나왔다. 피자가 나오길 기다리는 동안 아들이 음료수를 테이블 위에 쏟아 자신의 반바지와 면팬티까지 완전히 적셔버렸다.

부모는 어떻게 해야 할까? 종업원에게 피자를 포장해 달라고 해서 집으로 가지고 가야 할까? 아니면 근처의 옷집에 가서 반바지를 새로 산 후 피자를 먹으러 다시 돌아와야 할까? 그러면 피자는 완전히 식어버릴 것이다.

아버지는 몇 초간 생각을 했다. 아버지는 일어나서 화장실에 들어갔다가 곧바로 나왔다. 화장실 안에 따뜻한 공기로 손을 말리는 기계가 있는지를 확인한 것이다. 그런 뒤 아들을 화장실로 데려가서 반바지와 팬티를 벗겼다. 반바지를 드라이어로 말린 후 아버지는 반바지를 아들에게 입히고 젖은 팬티는 종이타월로 감싼 후 집으로 가지고 갔다.

이 모든 작업은 2분만에 이루어졌다. 아들과 아버지가 작업을 마치고 테이블로 돌아올 때까지 피자는 아직 나오지도 않았다. 그들은 둘러앉아서 즐겁게 식사를 마친 후 집으로 돌아왔다.

예 4

잃어버린 나사(lost screw)

플로리다의 올랜도에 있는 디즈니랜드는 캐나다 오타와에서 자동차로 가면 24시간이 걸린다. 부모들은 휴가시즌에 아이들을 디즈니랜드에 데려가고 싶어 한다. 아버지와 어머니는 쉬지 않고 오타와에서 올랜도까지 24시간동안 교대로 운전을 해서 도착할 때 쯤에는 완전히 녹초가 되어 버리는 여행을 택할 수도 있다.

어느 크리스마스에, 우진 씨는 아내와 14살 난 딸 그리고 12살 난 아들을 디즈니랜드에 데려가기로 했다. 부부는 둘 다 뛰어난 운전사가 아니었기 때문에 교대로 운전을 하지만 하루에 8시간만 운전을 하기로 했고, 올랜도까지는 3일이 걸리게 되었다. 그들은 디즈니랜드에서 2주동안 아주 즐겁게 지냈다.

오타와로 돌아오는 날 아침, 늦게 일어나 짐을 다 싸고 나니 오전 11시 경이었다. 우진 씨는 차의 시동을 건 후 선글라스를 썼다. 그런데 선글라스의 왼쪽 다리를 고정하는 나사가 빠져 있었고, 나사가 어디로 빠졌는지 찾을 수가 없었다. 선글라스 없이 몇 시간 동안 운전을 하는 일은 매우 힘이 들며 특히 도로에 눈이 쌓여 햇빛이 반사될 때에는 더욱 그러하다. 물론 가는 도중에 안경점에 들려 수리를 할 수도 있다. 그러나 저녁 늦게 운전을 하지 않기 위해서 가능한 한 빨리 올랜도를 출발하고자 했다.

우진 씨는 어떻게 하면 선글라스를 임시로 수리하여 가능하면 빨리 출발을 할 수 있을까 궁리를 했다. 그는 치실을 꺼내어서 나사 구멍에 끼운 후 안경테와 단단히 묶었다. 가위가 없었기 때문에 손톱깎이를 이용해 치실을 절단하였다. 모든 과정이 몇 분밖에 걸리지 않았으며 가족은 즐겁게 오타와로 돌아왔다.

이 사건에 즈음하여 우진 씨는 자신의 문제를 해결하는 데 어떤 장비가 유용한지 마음속으로 살펴보았다. 문제 상황과 관련성이 있는 것이 무엇인지 찾기 위해서 그는 머리속의 데이터베이스를 죽 훑어보았다. 나사와 치실 사이의 관계가 보였다. 그는 이 아이디어를 이용해 문제를 해결한 것이다.

예 5

미끄러운 간선도로(icy driveway)

캐나다에는 겨울에 눈이 많이 내린다. 때로는 어는 비(freezing rain)도 내린다. 어는 비란 내리던 눈이 두터운 따뜻한 공기층을 만나게 되면서 녹아 비로 바뀌는 것이다. 이 비가 내리면서 차가운 공기층을 통과해 0 ℃ 이하로 온도가 떨어진다. 그러나 이 비는 얼음으로 바뀌지는 않는데, 이런 현상을 초냉각(supercooling)이라고 한다. 이 초냉각된 빗방울이 얼어있는 땅바닥과 부딪히면 순간적으로 얼어서 얇은 얼음층을 만드는데 이를 우빙(graze ice)이라고 한다. 우빙은 매우 부드럽고 마찰력도 거의 없기 때문에 차가 아무리 천천히 가더라도 미끄러지게 된다.

2006년 12월, 캐나다의 캘거리에서 일어난 일이다. 바깥 온도는 영하 22℃였다. 어는 비는 오후 10시 경에 멈췄다. 한 시간 후 10대인 딸아이가 파티에서 돌아왔다. 차를 도저히 차고에 넣을 수가 없어서 도로에 세워둔 채 집으로 왔다고 딸아이가 아버지에게 말했다. 애를 쓸수록 차가 자꾸 뒤로 미끄러졌단다.

간선도로는 길이가 9.1 m이고 물이 집에서 흘러나가도록 하기 위해 4도 정도의 경사를 이루도록 설계되어 있었다. 어는 비가 저녁시간에 내렸기 때문에 간선도로에 우빙 층이 형성되어서 매우 미끄러웠던 것이다. 그렇더라도 아버지는 차를 차고에 댈 수 없을 정도라고는 믿기 어려웠다. 하여튼 차를 밤새도록 도로상에 그냥 둘 수는 없는 일이었다. 새벽에 눈을 치우는 차를 방해할 것이기 때문이다.

grazed ice

아버지는 집밖으로 나가서 차를 차고에 넣으려고 애를 썼다. 그러다가 딸아이의 말이 옳다는 사실을 깨달았다. 차를 어느 정도 움직여서 올라오면 다시 미끄러져 내려가곤 해서 도저히 차고로 올라갈 수가 없었다.

아버지는 차고에 종이박스들이 좀 있다는 사실을 기억해냈다. 종이박스의 크기는 91 cm × 114 cm였다. 이 종이박스 두 장을 펴서 한 장은 도로의 끝단에 그리고 나머지 한 장은 차고 입구 쪽에다 깔았다. 아버지는 차를 살살 몰아서 오른쪽 타이어가 종이박스에 걸치도록 해 마찰력이 생기도록 만들어 주었다. 그렇게 하여 무사히 차를 차고에 넣을 수 있었다.

예 6

디지털 카메라(digital camera)

2006년 여름, 대용 씨 가족은 암스테르담에서 독일의 베를린으로 자동차 여행을 했다. 그들은 베를린에 5일 동안 머문 후 체코의 프라하로 가기로 했다.

베를린에 있는 동안 그들은 베를린 도심보다 훨씬 싼 교외에 있는 호텔에 머물렀다. 그 호텔은 베를린 시내까지 지하철로 20분 정도 걸리는 지하철 역과 도보로 5분 정도 거리에 떨어져 있었다.

이 가족은 미리 계획을 세우는 것을 좋아했다. 그들은 호텔을 떠나서 베를린 교외를 벗어나 프라하로 향하는 가장 빠른 길을 찾고자 했다. 호텔 직원에게 길을 물어 보았지만 평소 차를 가지고 다니지 않는 직원은 길을 잘 알지 못했다. 게다가 그 직원은 베를린 교외의 지도도 비치하지 않고 있었다.

어느 날 밤, 그들은 베를린 시내에서 돌아와 호텔 근방의 지하철 출구를 빠져나오면서 지하철 입구 게시판 창에 베를린 교외 지도가 붙어 있는 것을 보게 되었다. 그러나 날이 어두워지기 시작했기 때문에 지도를 읽기가 어려웠다. 게다가 모두 다 피곤했기 때문에 가능하면 빨리 호텔로 돌아가고 싶어 했다.

다행히 딸이 아이디어를 냈다. 딸아이는 디지털 카메라를 꺼내서 지도 사진을 찍었다. 나중에 호텔로 돌아와서 카메라에 달린 6.4 cm × 4.4 cm 크기의 액정 화면을 통해 지도를 확대해 가면서 자세하게 볼 수 있었다. 이렇게 하여 호텔을 떠나서 프라하로 가는 가장 빠른 길이 어딘지를 알게 되었다.

예 7

가시 많은 잡초(thorny weeds)

연민 씨와 동국 씨는 최근에 집을 장만했다. 주말에 그들은 18 cm 길이의 정원용 가위를 이용해 덤불을 정리하면서 뒤뜰의 정원을 돌보았다. 정원용 장갑을 끼었지만 덤불 속에 숨어 있던 키가 큰 잡초의 가시 때문에 손을 베었다. 그 잡초는 키가 1.5 m 정도였고 가지에는 1 cm 가량의 가시들이 박혀 있었다.

동국 씨는 그 잡초를 0.76 cm 크기로 자른 뒤 재활용 잔디 가방에 묶어서 집어넣으려고 했다. 하지만 가시에 찔리지 않기 위해서는 자른 가지들을 묶을 수 있는 장비가 필요했다. 그래서 가시가 많은 잡초 줄기를 묶을 수 있는 공구를 찾기 위해 공구상 몇 군데를 뒤졌다. 그러나 목적에 맞는 공구를 파는 곳을 찾을 수 없었다.

바비큐용 집게

집으로 돌아 온 후 아내 연민 씨에게 자신이 공구상을 돌아다니며 허탕 친 일을 이야기하자, 아내는 왜 바비큐용 집게를 사용하지 않았느냐고 물었다. 바비큐용 집게는 음식을 잡을 때 사용하는 긴 손잡이를 가진 집게이다. 동국 씨는 좋은 아이디어라고 생각하고, 46 cm 길이의 정원용 가위로 자른 가지들을 35.6 cm 길이의 바비큐용 집게로 주어 담았다. 일은 순조롭게 끝이 났으며 그는 더 이상 가시에 찔리지 않았다.

예 8

가려운 두피(itchy scalp)

글래스고 : 스코틀랜드 서남부의 항구도시

• 싱가포르 •

재원 씨는 스코틀랜드의 글러스고에서 일을 하고 있다. 그는 1년에 한 번 어머니를 뵈러 싱가포르에 간다. 80대 중반인 어머니는 가사도우미와 함께 사시는데 아직 건강하신 편이다. 이모인 한나는 어머니 집에서 2분 거리에 사시는데 자주 놀러 오신다.

2007년 9월, 재원 씨는 싱가포르로 가서 어머니와 3주 정도 지내게 되었다. 그런데 어머니는 계속 두피가 가렵다고 하셨다. 그런 증상은 반 년 전부터 시작된 것이었다. 두피가 너무 가려워 어떤 때에는 한밤중에 잠을 깨기도 했다. 이모도 이 사실을 알았기 때문에 두피에 문질러 바르는 아주 비싼 치료약을 사오시기도 했지만 별 효과가 없었다.

재원 씨가 이모에게 그 치료액을 어디서 구입했는지 물어 보았고 이모는 미용실에서 파는 것인데 아주 좋은 물건이라고 했다. 재원 씨는 이모에게 그 제품이 효과가 없다면 더 이상 사용할 필요가 없다고 얘기를 했지만 이모는 계속 발라보아야 한다고 하셨다.

재원 씨는 그 병의 상표를 확인하였다. 그런데 그 액은 식물 추출물로 만든 제품으로, 두피가려움증에 사용하는 것이 아니라 탈모증세에

바디로션

사용하는 것이었다. 이모는 한 번도 제품설명서를 읽어본 적이 없었던 것이다.

재원 씨는 테이블 위에 놓여 있는 그리 비싸 보이지 않는 바디로션통을 보고 어머니께 바디로션을 두피에 바르시라고 했다. 재원 씨의 생각으로는 어머니의 두피가 단지 너무 건조해서 가려운 것 같았기 때문이다. 바디로션은 두피뿐만 아니라 온몸이 건조할 때 바르는 것이다. 두피가 가려울 때 사용하면 안 된다고 써 있지는 않으니 머리에 발라도 괜찮을 것 같았다.

어머니는 아들의 제안을 받아들여 바디로션을 두피에 문질러 바르셨다. 가려움증은 곧 멈췄다. 그 뒤로 어머니는 아침에 한 번, 자기 전에 한 번씩 로션을 바르셨다. 이제 어머니의 두피는 더 이상 가렵지 않게 되었다.

예 9

냉방시설을 갖춘 레스토랑(air-conditioned restaurants)

캐나다 앨버타주의 주도인 에드먼턴

홍콩

• 에어 컨디셔너 •

영광 씨는 캐나다의 에드먼턴에 살고 있다. 그는 2년에 한 번씩 남동생과 여동생을 만나러 홍콩으로 간다. 홍콩은 여름 기온이 26℃에서 34℃ 정도라서 추운 지방에서 살던 사람에게는 무척 덥기 때문에 여름철에 방문하는 일은 되도록 피하는 편이다.

그러나 2006년 8월은 남동생의 50번째 생일이었기 때문에 참석하게 되었다.

도착한 다음 날, 영광 씨는 길 건너편의 조그마한 레스토랑에서 여동생과 점심을 먹게 되었다. 온도가 30℃를 넘었고 습도도 높았다. 하지만 레스토랑 내부는 에어컨을 너무 세게 켜두어서 거의 0℃에 가깝

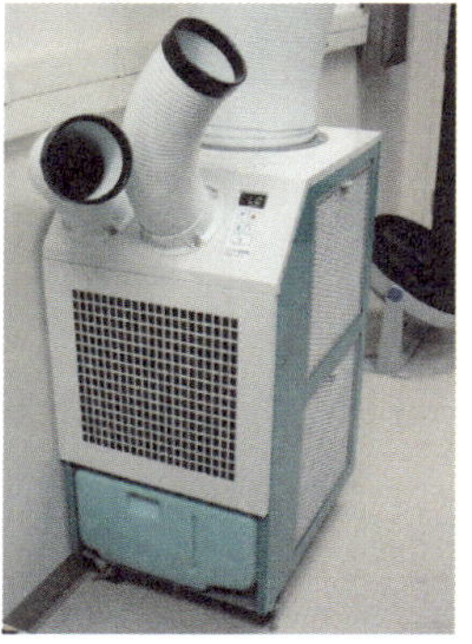

• 강력 에어컨 •

게 느껴졌다. 홍콩의 많은 레스토랑들은 마치 자기들이 전기료를 내지 않는 듯 여름철에 너무 에어컨을 세게 틀어두어서 좀 이상했다. 홍콩 사람들은 레스토랑에 갈 계획이 있는 날에는 바깥 날씨가 매우 덥더라도 스웨터를 준비해서 집을 나온다.

영광 씨는 홍콩의 이런 큰 온도 차이 문화에 익숙하지 않았기 때문에 미처 스웨터를 준비하지 못했다. 식당에 5분 정도 앉아 있자 추워지기 시작했다. 그는 몸을 따뜻하게 하려면 어떻게 해야 할지 고민했다. 다행히 그는 서류가방을 가지고 있었는데, 그 가방의 크기는 38 cm × 30 cm였다. 그 가방을 가슴에 대고 떨어지지 않도록 왼팔로 잡았다. 그리고 등을 의자에 꽉 밀착시켜 바람이 통하지 않도록 했다. 그런 식으로 해서 추위로부터 몸을 약간이나마 차폐할 수 있었기 때문에 점심식사 내내 견딜 수 있었다.

상당히 다른 개념들 간의 관계를 잘 살피다 보면 종종 아주 창조적이면서 자유로운 해법을 찾게 되곤 한다. 이것은 창조성(creativity)과 밀접한 관계를 맺고 있다. 그렇다면 창조적 사고(creative thinking)란 과연 무엇일까?

10.1 창조성

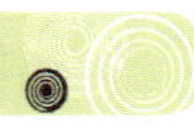

창조적 사고는 일상생활에서의 사고법과 다른 정신적 과정(mental process)을 가져야 가능하다. 그것은 우리의 잠재의식(subconscious mind)으로부터 불시에 일어나는 영감이나 직관력 같은 것이다. 이 경우, 경험이 문제 해결에 아주 즉각적인 기여를 한다.

최근 50여 년 동안 심리학자, 사회학자, 그리고 신경과학자들이 창조성에 관한 실험을 수행하여 얻은 결론은 창조적 사고가 평소의 사고와 다르지 않다는 것이다. 따라서 평소의 사고법이 어떤 구성 요소로 이루어져 있는지 먼저 알아본 후 창조적 사고의 다양한 양상들을 어떻게 일상의 사고법과 일치시킬 수 있는지 알아보자. 마지막으로 과학적인 창조의 예를 보여주고, 이것이 일상적인 사고 과정을 의식적(cognitive)으로 생각하는 것과 동일하다는 것을 보여 줄 것이다.

10.1.1 일반적 사고

일반적 사고(ordinary thinking)의 인식 과정은 다음과 같이 구성된다.

(1) 기억력(memory) - 과거의 사건을 기억하거나 뇌 속에 이미 저장되어 있는 정보를 검색

(2) 계획(planning) - 어떤 임무를 수행하기 위한 프로그램이나 아이디어를 체계화하는 작업

(3) 판단(judgment) - 행동의 여러 가지 경로로부터 나오는 결과물을 평가

(4) 결심(decision) - 행동의 여러 경로 중 하나를 택하는 작업

일반적 사고의 예를 먼저 살펴보자. 어떤 사람이 그녀가 어제 쇼핑을 갔다고 말했다고 하자. 이 경우, 그녀에 대한 기억력은 그녀가 어느 쇼핑센터에 가서 무엇을 샀는가 하는 것이다.

일반적 사고에는 또 다른 사항들도 포함된다. 예컨대 잼이 들어 있는 유리병의 금속 뚜껑이 열기가 힘들다면 그는 그 뚜껑을 열기 위해 그가 택해야 할 행동의 경로를 생각해야 할 것이다. 과거에 다른 사람이 유리병을 따는 것을 지켜본 경험이나 자기의 과거 경험 등을 기억해내려고 할 것이다. 그는 (1) 뚜껑에 마찰력을 주기 위해 고무장갑을 끼거나 (2) 뚜껑과 유리병 사이의 빽빽함을 줄여주기 위해 금속 칼의 손잡이로 금속 뚜껑을 두드리거나 (3) 유리병을 거꾸로 해서 뜨거운 물이 담긴 접시에 금속 뚜껑을 담가 뚜껑이 팽창하도록 할 수 있다. 이제 이중에서 어떤 행동(action)을 할 것인지를 결정하게 되는데, 첫 번째 결정은 가장 일을 적게 하는 행동 경로를 택하고 그 과정이 실패하게 되면 그 다음 경로를 선택할 것이다. 그러므로 그는 일반적 사고 과정을 따르는 것이다.

이제 그 사람이 뜨거운 물에 뚜껑을 담가서 유리병의 금속 뚜껑을 여는 사람을 본 적이 없다고 가정해 보자. 하지만 가열을 하게 되면

유리보다 금속이 더 많이 팽창한다는 사실을 기억해내고 동일한 작업을 유리병의 금속 뚜껑을 여는 데 사용할 수도 있을 것이다. 이는 그가 예전에 한 번도 해본 적이 없던 뭔가 새로운 일을 시도하는 것이므로 그에게 있어서 창조적인 사고라고 할 수 있다. 이 예에서 보여주듯이 창조적 사고의 정신적 과정은 일반적 사고의 그것과 전혀 다를 것이 없다.

10.1.2 창조적 사고

창조적 사고(creative thinking)는 뭔가 새롭고 색다른 과정을 소개하는 것이다. 창조는 가정에서 일어나는 문제의 해결책이 되기도 하지만 인류사에 획을 그을 만큼 위대한 공학적 발명이나 과학적 발견이 될 수도 있다. 만약 누군가가 자신의 관점에서 어떤 새로운 일을 했지만 다른 사람의 관점에서 볼 때는 새로운 일이 아니라면 이런 창조성은 국소적이라고 할 수 있다.

일반적으로 창조적 사고는 다음과 같이 몇 가지로 분류할 수 있다.

(1) 지식

창조성을 출처도 모르는 갑자기 생겨난 아이디어로 생각하는 사람도 있다. 하지만 이는 잘못된 생각이다. 지식은 창조적 사고를 하는데 있어 매우 중요한 것이다. 예를 들어, 수수께끼 같은 문제들은 미소 지식(knowledge-lean), 즉 아주 약간의 지식만이 필요하거나 지식이 전혀 필요하지 않다. 그 이유는 이런 문제들의 구조적 원인에 있다. 그러나 과학적 발견 같은 대부분의 문제들은 다량 지식(knowledge-rich), 즉 폭넓은 지식이나 경험을 필요로 한다. 그러므로 현재 당면한 문제에 관해 다른 사람과 논의를 하듯이 이 문제와 관련이 있는 정보를 가능한 한 많이 찾고자 노력하는 것이다. 새로운 아이디어는 항상 현존하는 아이디어와 결합하여 세워지거나 유사한 문제 상황으로부터 아이디어를 빌려와 구축된다.

지식은 선입견을 주어서 문제를 풀고자 하는 사람을 통념에 가두고 틀의 외부에서 문제를 바라볼 수 없게 만든다고 주장할 수도 있다. 백지 상태에서 출발하는 것이 더 좋을 수도 있다. 물론 이전의 지식이 옳아서 새로운 어떤 시도도 이루어지지 않은 정해진 가설에만 머물러 있는 사람들에게는 이것이 맞는 이야기일 수도 있다. 그러나 일반적으로 다른 사람들이 이전에 이 문제를 어떻게 해결했는지를 연구하지 않으면 대부분의 문제를 풀기가 불가능하다.

(2) 통찰력

어떤 문제에 부딪혔을 때, 그에 대한 해결책을 어디에서도 구할 수 없다고 느낄 경우도 있을 것이다. 그런데 갑자기 아이디어가 떠올라서 문제를 깔끔하게 처리한다. 해법이 바로 눈앞에 나타난 것이다. 이런 통찰력(insight) 하나만으로도 모든 것이 해결된다. 하지만 이런 통찰력이 일반적인 해석을 거친 사고 과정과 어떻게 다른가?

일반적 해석을 거친 사고법은 본인의 지식이나 경험에 근거하여 문제를 분석하여 단계적으로 풀어나가는 것이다. 예전에 해결했던 문제와 유사성도 발견할 수 있을 것이다. 해법이 성공적인지 여부를 알아보기 위해서는 실행을 시켜본다. 여기에는 아무런 통찰력도 들어있지 않은 듯하다.

일부 심리학자들이 믿듯이 통찰력의 개념은 창조적 사고의 일부 역할을 담당하며, 그 과정은 해석적 사고의 과정과 완전히 다르다. 일부 심리학자들은 과거의 경험에 집착하여 난관에 봉착한 후, 문제를 재구성한 결과를 통찰력이라 믿었다. 문제를 표현하는 새로운 방법이 갑자기 발견되어서 지금까지 예측하지 못했던 다른 해법의 경로를 이끌어내기 때문에 문제 상황에서 통찰력을 얻기 위해 특수한 지식이나 경험 등은 필요하지 않다고 주장한다. 실질적으로 경험으로부터 탈피해야만 자유롭게 생각하는 것이 가능하기는 하다.

그러나 실험적 연구를 통해 통찰력 역시 일상적인 해석을 통한 사고법임이 밝혀졌다. 문제 풀이를 위한 시도가 실패로 끝이 나면 새로운 정보를 가져와서 문제를 재구성하게 된다. 이 새로운 정보는 해법을 완전히 다른 각도에서 찾도록 기여하게 되어서 '아하!' 하는 경험을 하게 만든다는 것이다.

(3) 무의식

창조적 사고에는 무의식적 인식 과정(cognitive process)이 중요하다고 말한다. 뭔가 다른 일을 집중하여 생각하고 있는 동안에는 문제를 인식하지 못하게 된다. 무의식은 기대하지도 않았던 해결책이 갑자기 나타나듯 갑작스러운 섬광을 야기할 수 있다. 의식적 사고의 범주를 넘어서는 아이디어 사이의 연계성은 무의식적 과정에 의해서만 가능하다. 하지만 지금까지의 심리학적 연구에 의하면 무의식적 과정은 창조적 사고와 그 연관성이 매우 희박하다. 사람들은 실제로 어떠한 문제에 대해서는 불규칙적이지만 의식적인 사고를 한다는 주장이 그 이유이다.

불행하게도 많은 과학적 발견을 통한 과학자들의 연구 보고에도 불구하고 숙성(incubation)과 통찰(illumination)을 만족스럽게 설명할 수 있는 모델은 아직까지 없다.

요약하자면, 현존하는 심리학적 이론은 창조적 사고의 정신적 과정이 일반적 사고의 정신적 과정과 거의 동일하다고 설명하고 있다. 창조적 사고에 관한 다음의 예가 이것을 잘 설명해 주고 있다.

10.1.3 이중 나선 구조

유전자인 DNA 구조의 발견은 고차원의 창조성이라고 할 수 있다. 왓슨(Watson)과 크릭(Crick)은 1953년에 DNA의 이중 나선 구조 모델을 발견했다.

생물학자들은 50년 이상 DNA의 구조와 성분을 알아내기 위해 노력 중이었다. 다른 사람들은 훨씬 오랜 기간에 걸쳐 노력을 해도 실패를 했지만 왓슨과 크릭은 1년 반 동안의 작업으르 정확한 모델을 찾아내는 데 성공했다. 과학자들은 종종 문제를 풀이할 때 아주 다른 접근을 하기도 하는데, 어떤 이들은 성공하지만 어떤 이들은 그렇지 못하다. 이중 나선 구조의 발견은 사람들이 그들의 목표를 이루는 데 창조적 사고를 어떻게 응용하는가를 단적으로 보여주는 예이다. 게다가 이 예는 창조적 사고의 정신적 과정이 정상적 사고의 과정과 동일하다는 것을 보여준다.

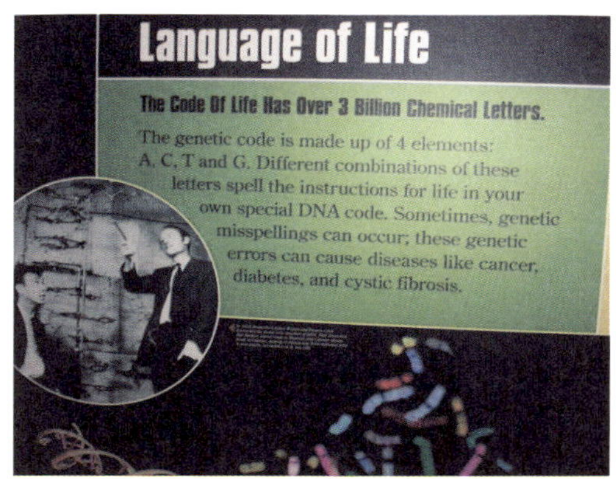

• 왓슨과 크릭의 실험실 •

• 왓슨과 크릭이 사용했던 실제 DNA 모형 •

• 왓슨과 크릭 •

(1) 유전자

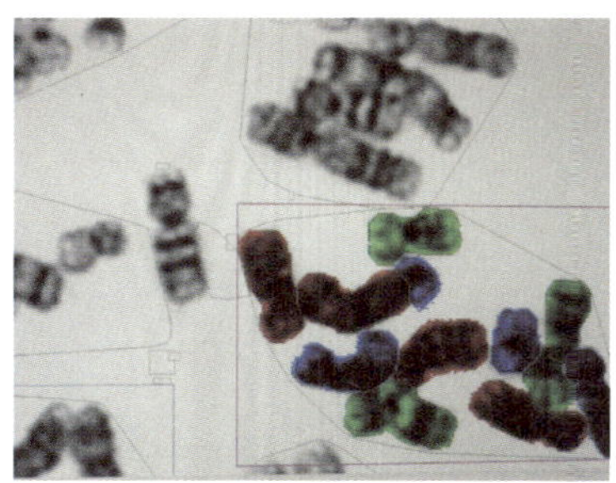

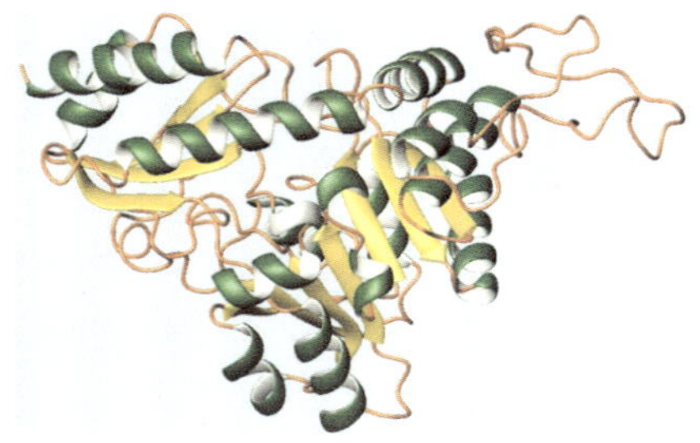

염색체(Chromosomes)의 일종

단백질(protein)의 일종

DNA(DeoxyriboNucleic Acid)는 단백질 분자 같이 세포의 다른 성분을 구성하는 데 필요한 유전자적 청사진을 포함하는 핵산(nucleic acid)이다. DNA는 거의 대부분 염색체(chromosomes) 내에서만 발견되는데, 염색체는 실제로 단백질과 연결된 길이가 긴 DNA 분자이다. 그러나 염색체에는 DNA보다는 단백질이 더 많이 들어 있으며 따라서 단백질이 살아있는 유기체의 유전적 정보를 옮기는 중요한 물질이라는 믿음을 갖게 만들었다. 많은 과학자들이 DNA가 유전적 정보를 운반하는 물질이라는 사실에 동의하게 된 것은 1950년대에 들어와서부터이다. 왓슨과 크릭은 유전적 데이터를 저장하는 데 있어서 단백질보다 DNA가 더 중요하다는 사실을 깨달았다. 과학자들은 올바른 목표를 잡기 위해서 어떤 경로를 따라가야 할지를 잘 알아야 한다.

(2) 캠브리지의 캐번디시 연구소

제임스 왓슨(1928~)은 22살 되던 해에 인디애나 대학에서 유전학으로 박사학위를 받았다. 그는 지도교수인 루리아(Luria)의 제안대로 1950년에 유럽으로 건너가서 핵산 화학을 공부하였는데, 루리아 교수는 이것이 왓슨이 유전자가 어떻게 역할을 하는지를 배울 수 있는 좋은 기회라고 생각하였다. 1951년, 나폴리(Naples)에서 열렸던 학회에

서 런던에 소재하는 킹 칼리지(King's college)에서 연구를 하고 있던 모리스 윌킨스(Maurice Wilkins, 1916~2004)가 X-선 결정학을 이용해 만든 DNA의 구조를 발표했는데, 이 연구는 왓슨의 지도 하에 이루어진 것이었다. X-선 사진은 왓슨을 매료시켰으며 이 실험을 통해 DNA는 결정이며 고로 규칙적인 구조를 갖는다는 것을 보였다. 이 실험으로 그리 많은 힘을 들이지 않고 DNA의 구조를 밝히게 된 것이다. 얼마 후 왓슨은 캠브리지 대학의 캐번디시 연구소에 지원하여 X-선 회절에 대해 배울 수 있었다.

1951년 9월, 왓슨은 캠브리지 대학에서 연구를 시작하면서 프랜시스 크릭(Francis Crick, 1916~2004)을 만나게 된다. 크릭은 2차대전 이전에 물리학을 공부하고, 2차대전 중 해군연구소(Admiralty Research Laboratory)에서 연구에 몰두하고 있었다. 2차대전이 끝난 후인 1947년에 캠브리지에서 생물학 공부로 전환을 한 크릭은 생물학 박사학위를 위해 X-선 회절장치를 이용한 단백질 구조를 연구하고 있었다. 크릭은 실험학자이기보다는 이론학자였으며 그것도 아주 뛰어난 이론학자였다. 그는 다른 연구자들의 좋은 아이디어를 곧잘 비평하였으며 그들이 놓친 부분을 잘 채워주는 능력을 발휘하였다.

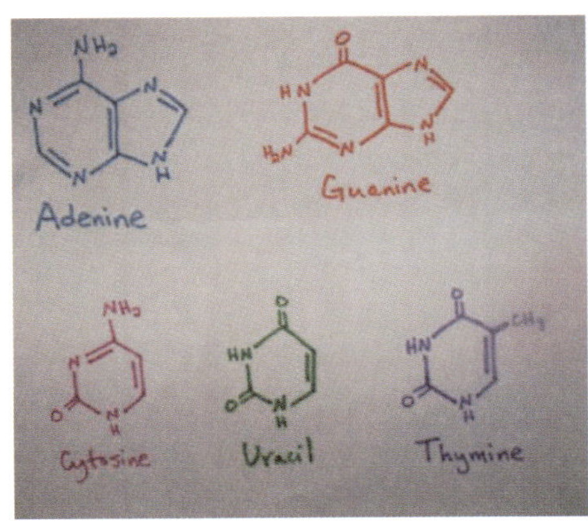

뉴클레오티드의 기저(base) 종류

왓슨이 크릭을 만난 순간 그들은 자기들의 지적 마인드가 서로 일치함을 느꼈다. 만난지 30분만에 그들은 DNA의 구조를 추측할 수 있었다. DNA는 핵산의 구성 성분인 뉴클레오티드(nucleotide)로 이루어져 있는데, 각각의 뉴클레오티드는 인(phosphate) 그룹, 당(sugar) 그룹, 그리고 과다 질소(nitrogen-rich) 기저(base)로 이루어져 있다. 이 기저는 다시

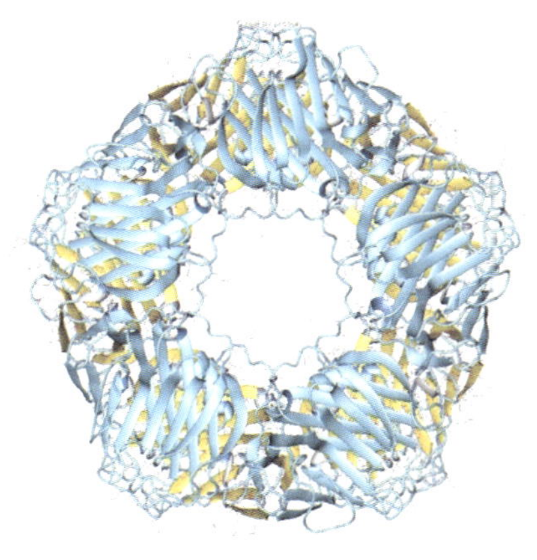
• 단백질(protein) •

A(adenine), G(guanine), C(cytosine) 그리고 T(thymine) 등의 네 가지로 분류되며, 한 뉴클레오티드의 인 그룹은 다른 뉴클레오티드의 당 그룹과 연결되어 있다. 왓슨과 크릭은 DNA 구조용 모델을 빨리 만들어야겠다고 결심했다. 하지만 어떤 모델로부터 출발을 해야 할까? DNA는 뉴클레오티드의 긴 사슬로 이루어질 수도 있고 뉴클레오티드들이 연결되면서 순환고리 형태를 이룰 수도 있다. 그들은 일단 나선(helix) 구조 모델에서부터 시작하자고 재빨리 결론을 지었다. 나선 구조는 꼬여 올라가는 모양을 이룬다. 수학적으로 말하자면 실린더 표면에 그려진 3차원 곡선과 같다. 이 곡선의 꼬여 올라가는 방향이 실린더의 중심축과 이루는 각도는 항상 같도록 만들어진다.

• 단백질 지도 •

나선 구조 모델은 단백질의 구조를 설명하기 위해 리누스 폴링(Linus Pauling)이 최근에 제안한 것이다. 폴링은 칼텍(Cal-Tech)에 근무하는 세계적으로 유명한 화학자이며 그의 동료들이 실험을 통해 폴링의 모델을 지원해 주었다. 단백질은 펩티드(peptide)라고 하는 단위가 반복해서 서로 결합하여 큰 분자를 이루는 구조를 갖는다. 그러므로

뉴클레오티드의 긴 사슬로 이루어진 DNA와 아주 유사하다. 왓슨과 크릭은 나선 구조 모델을 폴링으로부터 빌려왔지만 '폴링을 모사하여 폴링을 이기다'라는 말을 남겼다. 폴링도 DNA의 구조를 찾기 위해 노력 중이었지만 왓슨은 자기들이 먼저 그 구조를 찾아내고 싶었다.

DNA가 나선 구조라는 증거는 X-선 회절 사진에서 증명되었다. 우리가 통상 사용하는 카메라로 찍은 사진은 3차원 공간을 2차원에 투영한 것인 반면, 회절 사진은 역(inverse) 3차원 공간을 2차원상에 투영한 것이다. 따라서 그런 사진의 해석은 직접적으로 할 수 없다. X-선 사진을 해석하려면 결정 상태인 분자들이 X-선을 어떻게 회절시키는가를 이해할 필요가 있다. 잘못된 출발을 피하기 위해 크릭은 모리스 윌킨스를 주말에 캠브리지로 오게 하여 그가 주중에 찍은 사진들을 보여 주었다. 윌킨스 또한 DNA가 나선 구조라는 사실을 믿었기 때문에 윌킨스를 설득할 필요도 없었다. 사실 윌킨스는 왓슨이 캠브리지에 도착하기 6주 전에 DNA의 X-선 사진을 보여주었는데 이 사진에 이미 나선 구조와 유사한 모양이 나와 있었다. 윌킨스는 이 사슬들이 나선 구조를 이루는 데 필요한 것들이라고 생각했다. 그는 폴링의 모델을 사용해서 DNA의 구조를 결정할 수 있다는 사실을 의심했었다. 여기서 우리는 동일한 데이터를 공유하더라도 문제를 푸는 접근법이 틀리게 되면 결론에 도달하지 못한다는 것을 알 수 있다. 다양한 접근법이 존재하겠지만 그 중 누가 제일 먼저 결론에 도달하는지가 핵심인 것이다.

기회(opportunity)도 성공적 스토리의 아주 중요한 요소이다. 1951년 10월 31일, 캐번디시 연구소의 소장이었던 로렌스 브래그(Lawrence Bragg)는 크릭에게 자기가 방금 글래스고(Glasgow)에 있는 결정학자 블라디미르 반트(Vladimir Vand)로부터 받은 편지 한 장을 보여주었다. 그 편지에는 나선 구조에 의한 X-선 회절의 이론에 대한 설명이 적혀 있었다. 반트는 자신의 이론이 나선 구조 분자의 X-선 회절 사진을 해석하는 데 도움이 되기를 희망하고 있었다.

크릭은 반트의 업적 중 오류인 부분을 발견했고, 캐번디시에서 강의를 하던 젊은 물리학자 빌 코크란(Bill Cochran)에게 달려갔다. 코크란 역시 반트의 논문에서 오류를 발견했지만 정확한 답이 무엇인지 찾아내지 못하고 있던 중이었다. 이런 일이 있은지 몇 달 후, 브래그도 나선 구조 이론을 유도해냈다.

그 날 오후, 크릭은 두통 때문에 일찍 집으로 갔다. 그리고 풀지 못한 방정식을 집으로 들고 가 계속 고민하다가 결국 정확한 해법이 무엇인지 알아냈다. 다음 날 아침, 연구실에 나가보니 코크란도 동일한 답을 구해 놓았는데 그 풀이 과정이 훨씬 더 훌륭했다. 그는 며칠 내로 논문을 작성하여 다음 해에 잡지 「Acta Crystallographica」에 투고하였다. 이 논문에서 저자들은 동일한 이론이 실질적으로는 몇 달 전에 킹스 칼리지(King's College)의 알렉산더 스토크스(Alexander Stokes)에 의해 유도가 되었다고 감사의 말을 남겼다. 이 이론은 나중에 왓슨과 크릭이 나선 구조의 X-선 데이터를 해석하는 데 큰 힘이 되어 주었다. 여기서 과학적 연구는 거의 동시대의 다른 연구자들에 의해 완전히 독립적으로 연구가 진행되기도 한다는 교훈을 얻을 수 있다.

(3) 런던 킹스 칼리지의 로잘린드 프랭크린

로잘린드 프랭클린(Rosalind Franklin, 1920~1958)은 1945년, 캠브리지 대학에서 물리화학으로 박사학위를 받았다. 캠브리지를 떠나 다양한 형태의 석탄 구조를 공부하러 파리로 간 그녀는 파리에서 X-선 회절 기술을 습득한 후 아주 훌륭한 기술자가 되었다.

1951년 1월, 그녀는 킹스 칼리지 의학연구회에서 생물물리학(biophysics)을 연구하는 연구원으로 근무하기 위해 영국으로 돌아왔다. 생물물리학 연구회는 존 랜들(John Randall)이 이끌고 있었다. 랜들은 1950년 12월 4일에 프랭클린에게 편지를 보냈는데, 그 내용은 모리스 윌킨스와 알렉산더 스트크스가 DNA에 관한 연구를 중단했기 때문에 DNA의 X-선 연구는 모두 프랭클린이 진행할 수 있다는 것

이었다. 윌킨스는 프랭클린이 죽은 후에야 이 편지의 내용을 알게 되었다.

1951년 7월, 윌킨스는 캠브리지 대학의 한 토론회에서 DNA의 X-선 사진을 보여주었다. 그는 DNA가 나선 모양을 한 공간 구조를 가질 것이라고 추측하였다. 크릭도 그곳에 있었다. 하지만 윌킨스의 강연 내용을 거의 기억하지 못했는데, 그 이유는 1951년 가을, 왓슨이 캠브리지로 오기 전까지는 DNA에 그다지 관심을 가지지 않았기 때문이다.

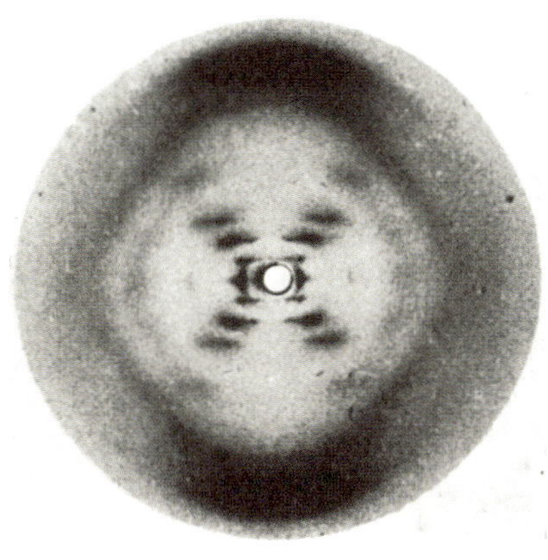

B-형 DNA의 X-선 회절 사진

윌킨스가 강연을 마친 직후, 로잘린드 프랭클린은 윌킨스에게 이제 이 연구는 그녀의 연구이므로 더 이상 DNA에 관한 연구를 하지 말라고 말하면서 랜들의 편지를 보여주었다. 결국 윌킨스는 지금까지 연구해 오던 DNA 결정을 프랭클린에게 넘겨주고 다른 DNA에 집중했다.

프랭클린은 윌킨스의 박사 과정 학생이었던 레이몬드 고슬링(Raymond Gosling)의 도움을 받아 X-선 장비를 개조하였다. 그런 후, 프랭클린은 윌킨스가 전해 준 결정의 X-선 사진을 찍을 수 있게 되었다. 하지만 그 결과에 대해서는 윌킨스와 논의하지 않았다. 윌킨스는 다른 사람과 마찬가지로 그녀가 12월 21일에 킹스 칼리지에서 개최한 강연회에서 그 결과를 볼 수 있었다.

왓슨도 윌킨스에게 부탁하여 그 자리에 와 있었다. 크릭은 여전히 DNA에 관심이 없었기 때문에 그 자리에 없었다. 그녀는 강연에서 물기가 많은 DNA의 X-선 사진을 보여주었다. 이 것은, B-형이라고 하는 DNA의 X-선 회절 사진은 DNA가 나선형임을 보여주는 강력한 증거였다. 프랭클린은 마른(dry) DNA 형으로부터 젖은 B-형 DNA를 분리하는 천재적인 방법을 성공적으로 개발하여 A-형인지 B-형인지 형태를 명확하게 해석할 수 있는 방법을 보여주었다.

(4) 3중 나선 구조 모델

프랭클린이 강연을 마친 다음 날 아침, 크릭은 프랭클린이 보여준 새로운 사진에 관해 왓슨에게 물어보았다. 그러나 왓슨은 아무런 기록도 해놓지 않았었고, 결정학에 대해 이제 겨우 한 달 정도 배웠기 때문에 프랭클린이 강연하던 전문 용어의 대부분을 이해하지도 못했었다. 특히 프랭클린이 실험에서 사용했던 DNA의 수분 함량을 기억해내지 못했다. 그러나 다행스럽게도 열쇠가 될 수 있는 몇 가지 수치들을 곧 기억해냈다. 몇 시간 후 크릭은 프랭클린의 실험 데이터와 코크란-크릭의 나선 구조 이론 모두를 만족할 수 있는 몇 가지 배치(configuration)를 생각해냈다. 그들은 폴링의 모델을 흉내내고 가능한 정보들을 이용해 완성된 모델을 만들 수 있었다.

DNA의 triple helix

다음 며칠 간, 왓슨과 크릭은 여러 가지 원자 모델을 조립해 보다가 12월 26일에 드디어 3계단(stand) 모델인 3중 나선 구조를 만드는 데 성공하였다. 하지만 그 모델은 몇 가지 점에서 잘못되어 있었다. 몇 가지 백본(backbone)이 없었던 것이다. 그들은 계산된 DNA의 질량과 일치하는 세 가지 모델을 골랐다. 분자의 치수는 X-선 회절 사진으로부터 결정되었다. 무게를 측정하면 밀도를 계산할 수 있으므로 계단(stand)의 개수를 줄일 수 있었다. 불행하게도 계산된 밀도는 결국 맞지 않는다는 결론이 나왔으며, 따라서 몇 가지 계단들이 빠져 있었던 것이었다.

CHAPTER 11

수 학
mathematics

수학은 비록 아주 간단한 산수라 할지라도 일상생활의 문제를 풀이함에 있어 매우 중요하므로 이렇게 독립된 한 장(章)으로 논의를 하고자 한다.

먼저 하나의 예를 들어 보자. '하나를 사면 두 번째 것은 반 가격에'라는 광고를 보았을 때 이 광고가 뭘 의미하는지 그리고 얼마만큼의 할인을 받을 수 있는지 우리는 정확히 알 수 없다. 30 % 할인을 해준다는 다른 회사의 조건보다 더 좋은 조건일까?

답은 '아니다'이다. '하나를 사면 두 번째 것은 반 가격에'라는 말은 만약 여러분이 두 개를 산다면 단지 25 %만 할인이 된다는 뜻이다. 게다가 두 개를 사도록 강요하는 것이다. 물론 하나를 살 수도 있지만 그러면 할인을 받지 못하게 된다.

만약 어떤 회사가 '하나를 사면 그 물건 값과 같거나 더 저렴한 다른 물건을 반 가격에'라는 광고를 한다면 이것은 여러분이 받을 수 있는 최대 할인율이 25 %라는 말이다.

이제 이 질문을 여러분의 친구에게 시험해 보고 싶을 것이다. 한 회사가 원래 물품 가격을 100 % 인상한 후 50 % 세일을 한다고 광고한다면 그 회사는 어떤 이익을 볼 수 있을까? 얼마나 많은 사람들이 이 문제를 풀지 못하는지 알게 되면 깜짝 놀랄 것이다.

만약 물건의 가격이 1달러라면 100 % 인상한 가격은 2달러이다. 이제 그 회사가 50 % 세일을 한다면 그 물건을 다시 1달러에 판다는 뜻이 된다. 이렇게만 본다면 그 회사는 어떤 이익도 얻지 못하는 듯 보인다. 이제 다른 문제를 살펴보자.

쇼핑을 가게 되면 주정부 세금 15 %를 내야 한다(외국은 우리나라와 달리 물건 가격에 세금이 들어 있지 않고 지방자치제이기 때문에 각 주(州)마다 지방세가 달라 별도로 세금을 부과하는데 그 세금이 15 %라는 의미이다). 그리고 우리는 제품을 10 % 할인해서 살 수 있는 쿠폰을 가지고 있다고 하자. 이 할인 쿠폰을 세금 계산 전과 후에 사용한다면 어떤 차이점이 생길까? 여러분은 얼마나 많은 사람들이 역시 이 문제에 대해서 잘 모르는지 알고서 놀라게 될 것이다.

판매세금(sales tax)이 15 %(=0.15)란 말은 물건을 살 때 실제 물건 가격의 총 1.15배를 지불해야 한다는 뜻이다. 10 %(=0.1) 할인을 해준다는 뜻은 물건 가격에 0.9를 곱한다는 뜻이다. 1.15를 곱한 후 0.9를 곱하거나 0.9를 곱한 후 1.1.5를 곱해도 차이는 나지 않는다. 그러므로 물건을 살 때 세금 계산 전과 후 어디에 쿠폰을 사용하더라도 지불 가격은 동일하다.

자! 이제 다음의 흥미로운 예를 살펴보자.

예 1

하나를 구입하면 다른 하나는 무료

'하나를 사면 다른 하나는 무료!'라는 말은 50 % 할인을 뜻한다(그러나 이는 정확하게 50 % 할인과는 다른데 그 이유는 불필요할지도 모르는 다른 하나를 더 구입해야 하기 때문이다).

지민 씨는 A 회사의 광고 전단지를 살펴보고 있는 중이다. 그 중 어떤 상품은 '하나를 사면 다른 하나는 무료'라고 광고를

하고 있다. 그런데 또 다른 B 회사는 그 상품을 40 % 할인된 가격으로 판매한다고 광고하고 있다. 그녀는 50 % 세일하는 A 회사의 가격이 B 회사의 40 % 할인된 가격보다 더 비싸다는 사실을 알았다. 이는 A 회사의 제품의 원래 가격이 B 회사의 제품의 원래 가격보다 비싸다는 의미이다.

지민 씨는 A 회사의 가격 인상률이 B 회사 보다크다고 가정하였다. 게다가 A 회사는 B 회사보다 물건을 구입하는 데에 더 많은 비용이 들 것이다. 그녀는 두 회사 제품 몇 가지를 비교해본 결과, A 회사의 제품 가격이 평균적으로 10~15 % 정도 B 회사보다 높다는 사실을 알게 되었다. 그 뒤부터 지민 씨는 항상 B 회사 상점에서 물건을 구입하고 있다.

다음 예는 약간의 수학적 지식이 저렴한 가격 혜택을 준다는 분석을 보여준다.

예 2

생일 케이크(birthday cake)

딸아이의 12번째 생일이었다. 4인 가족은 딸아이가 원하는 아이스크림 생일 케이크를 사기 위해 아이스크림 가게로 갔다. 가게에 도착해서 아버지가 화장실에 다녀오는 사이 다른 가족들은 8인치 크기의 케이크를 구입하였다.

아버지는 벽에 붙어 있는 가격표를 보았다. 8인치 케이크는 20달러에 파는 반면 10인치짜리 케이크는 22달러에 팔고 있었다. 아버지는 아이들에게 왜 10인치짜리 케이크를 사지 않았느냐고 물었다. 가족들은 그 정도로 많이 먹을 것 같지는 않았기 때문이라고 대답했다. 그러나 아버지는 아이스크림은 보존할 수 있는 식품이므로 남은 케이크는 냉동실에 보관을 하면 되지 않느냐고 했다.

그런 뒤 아버지는 아이들에게 원의 면적을 계산하는 공식을 아느냐고 물어 보았다. 아이들이 머뭇거리자 아버지는 설명을 해주었다. 원의 면적은 πr^2과 같은데 여기서 r은 반경이므로 원의 면적은 반지름의 제곱에 비례한다. 반지름은 지름의 반이므로 원의 면적은 지름의 제곱에 비례한다고도 할 수 있다. 10인치 지름의 케이크와 8인치 지름의 케이크의 높이가 같다고 가정하면(실제로 그렇지만) 부피는 지름의 제곱에 비례한다. 그러면 간단하게 10인치 케이크의 부피가 8인치에 비해 $(10/8)^2$=1.5625의 비율만큼, 즉 10인치 케이크가 8인치 케이크보다 거의 56 %나 부피가 크다는 뜻이다. 그러나 가격 차이는 (22−20)/20×100 % = 10 %만 더 비싸다. 돈을 10 % 더 지불하고 50 % 이상 부피가 더 큰 케이크를 살 수 있었던 것이다. 이렇게 본다면 그들은 10인치 케이크를 샀어야만 한다.

아이들도 동의를 했다. 아이들은 방금 아버지로부터 아주 중요한 수학 교육을 받았다는 사실을 깨달았다.

다음의 예에서 사소한 수학으로 아주 큰 차이를(4만 달러의 차이) 만드는 법을 보게 될 것이다.

예 3

아파트 구입하기(buying an apartment)

민철 씨와 그의 아내는 한 살 터울인 두 딸을 데리고 있다. 민철 씨는 캐나다 콘월 소재 병원의 심장외과 의사이고 아내는 전업주부이다. 그는 부와 명성을 겸비하고 있으므로 분명히 자신의 딸들도 자기 뒤를 따라 주기를 바랄 것이다.

2005년, 큰 딸은 대학을 졸업한 후 토론토 대학의 의학대학원으로 진학하길 원했다. 부모는 행복해 했다. 다음 해 동생도 같은 학교에 진학을 했다. 부모는 너무 기뻐서 두 딸이 같이 의학대학원에 들어간 기념으로 파티를 열었다.

파티에서 아버지는 두 딸이 같이 살 것이므로 새로운 전세용 아파트를 찾고 있다고 했다. 아버지의 친구인 민국 씨가 그 얘기를 듣자마자 왜 그들이 살 아파트를 구입하지 않느냐고 물었다. 민철 씨는 자기가 생각하기에도 그 방법이 좋을 것 같다며 만약 아파트 계약금만 대주고 그 아파트를 딸아이의 이름으로 구입하면 그 모기지 할부금이 렌트 비용(월세를 말함)보다 더 저렴할 것이란 생각이 들었다. 그리고 나중에 그 아파트를 팔게 되면 자기가 준 계약금은 다시 돌려받을 수 있고 어느 정도의 이익(매매 차익)도 볼 수 있으므로 괜찮을 것이란 생각이 들었다.

민국 씨는 투자 목적으로 아예 민철 씨에게 아파트를 구입하여 딸아이들에게 전세를 주라고 했다. 그러면 한 해의 모든 손실을 만회할 수 있을 것이라고 했다. 그가 정년퇴임을 하게 될 10년 후에 그 아파트를 팔 수도 있는데 양도소득세율이 그가 지금 지불하는 세율보다 더 낮을 것이기 때문이다. 게다가 시세 차익을 얻을 수도 있는데 캐나다는 시세 차익의 50 %만 세금으로 내면 된다. 어떤 경우라도 아파트가 아버지 명의로 되어 있는 것이 딸의 명의로 되어 있는 것보다는 훨씬 더 이익이었다.

민철 씨는 확신이 서지 않았다. 민국 씨는 연습장을 꺼내어 다음과 같이 계산을 해보여 주었다.

아파트 가격 = 25만 달러

계약금이 전혀 없다고 가정하자. 즉 아파트 가격의 100 %를 은행에서 빌린다고 하자. 그들의 신용한도(line of credit)를 이용해 25 %를 빌리고 나머지는 아파트 모기지를 이용한다.

모기지 비율은 6 % = 0.06

모기지 이율 = 0.06×$250,000/연 = $15,000/연 = $1250/월

공동경비(condo fee) = $250/월

재산세 $3,000/연 = $250/월

전기세 등 $300/월

유지보수비 등 $100/월

그러므로 총 지출/월 = $1250 + $250 + $250 + $300 + $100 = $2,150

〈각본 1〉 딸아이 명의로 아파트 구입

집값이 1년에 5.5 %씩 오른다고 보고 10년 후에 집을 판다고 가정하자. 편의상 복리 계산은 하지 않는다.

10년 후 집값은 55 %(=0.55) 오를 것이다. 이는 실 입주자의 순 이득만 고려한 것이다.

〈각본 2〉 민철 씨 명의로 구입(민철 씨는 투자 목적)

딸들이 자신에게 지불한 월세 = 1,000달러/월

민철 씨가 세금을 내기 전 한 달간의 지출 = $2,150 − $1,000 = $1,150

민철 씨의 세금 비율 = 0.4

민철 씨의 세금 지출 후의 지출 = $1,150 × (1−0.4) = $690

그러므로 한 해의 수익률 = $460 × 12/$250,000 × 100 % = 2.208 %

(딸아이 명의로 집을 보유하였을 때와 비교하여)

집이 10년 후에 팔리고 그 때 민철 씨의 한계세율(marginal tax rate)이 0.25라고 가정해 보자.

캐나다의 세금법에 의하자면 자본이득(capital gain)의 50 %를 세금으로 납부해야 한다.

그러므로 민철 씨가 집을 팔고 난 후의 순 이득

= 55 %/2 + 55 %/2 × (1−0.25)

= 0.48125

민철 씨가 얻은 총 이득 = 0.48125 + 0.2208 = 0.70205

이는 〈각본 1〉에서 얻을 수 있는 0.55보다 훨씬 더 많다.

250,000달러짜리 아파트를 〈각본 1〉과 〈각본 2〉로 처리하였을 경우, 실제 금전상의 차이를 계산해 보면
(0.70205−0.55) × $250,000 = $38,012.50이다.

아파트 명의가 딸아이가 아닌 자신의 명의로 되어 있다면 10년 뒤에는 3만8천 달러라는 돈을 벌 수 있는 것이다.

민철 씨의 친구는 자기의 계산 결과를 민철 씨에게 보여주어 결국 믿도록 만들었다. 민철 씨는 6개월 후, 토론토 대학에서 걸어다닐 수 있는 거리에 위치한 아파트를 구입했다. 명의는 물론 자신의 이름으로 하였다.

이 예는 단지 소소한 수학적 계산에 의해 많은 이득을 볼 수 있다는 것을 보여준다.

예 4

환전(currency exchange)

오늘날 사람들은 예전보다 훨씬 많이 여행을 다닌다. 다른 나라로 여행을 갈 때에는 그 나라의 화폐가 필요하다. 이때, 은행과 외국 환전소 중 어디가 환율이 더 좋은지 어떻게 알 수 있을까? 답을 아는 쉬운 방법이 있다. 그냥 사는 가격과 파는 가격을 물어 보면 된다. 파는 가격이란 그들이 우리에게 팔 때의 가격, 즉 우리가 사는 가격이다. 사는 가격이란 그들이 우리에게서 사는 가격, 즉 우리가 파는 가격이다. 파는 가격에서 사는 가격을 빼보아라. 그 차이를 사는 가격이나 파는 가격으로 나눈 후 100 %를 곱하여라. 식으로 나타내면 다음과 같다.

환율 한발 앞선 환율 정보 EXKEB

통화명	현찰		송금(전신환)		T/C	외화수표	매매	환가	미화
	사실때	파실때	보내실때	받으실때	사실때	파실때	기준율	료율	환산율
미국 USD	1290.19	1245.81	1280.40	1255.60	1283.21	1254.27	1268.00	3.80	1.0000
일본 JPY 100	1353.53	1306.99	1343.29	1317.23	1343.56	1315.95	1330.26	3.85	1.0491
유로통화 EUR	1807.03	1736.53	1789.49	1754.07	1798.35	1751.96	1771.78	4.31	1.3973
영국 GBP	2104.48	2022.36	2084.05	2042.79	2094.37	2040.39	2063.42	4.25	1.6273
스위스 CHF	1191.91	1145.41	1180.34	1156.98	0.00	1155.75	1168.66	3.81	0.9217
캐나다 CAD	1115.24	1071.72	1104.41	1082.55	1109.88	1081.36	1093.48	3.94	0.8624
오스트레일 AUD	1031.60	991.36	1021.59	1001.37	1026.65	999.47	1011.48	6.87	0.7977
뉴질랜드 NZD	823.14	791.02	815.15	799.01	0.00	797.58	807.08	6.43	0.6365
홍콩 HKD	166.86	160.36	165.24	161.98	0.00	161.83	163.61	3.83	0.1290
스웨덴 SEK	166.39	158.29	163.96	160.72	0.00	160.54	162.34	4.08	0.1280
덴마크 DKK	244.03	232.13	240.46	235.70	0.00	235.38	238.08	4.95	0.1878
노르웨이 NOK	201.38	191.56	198.43	194.51	0.00	194.23	196.47	5.32	0.1549
사우디아라 SAR	351.61	311.05	341.47	334.71	0.00	334.35	338.09	3.92	0.2666
쿠웨이트 KWD	4584.62	4055.63	4452.37	4364.21	0.00	4358.18	4408.29	4.94	3.4766

$$\text{차이 } \% = (\text{파는 가격} - \text{사는 가격}) / (\text{파는 가격 또는 사는 가격}) \times 100\ \% \qquad (1)$$

좀 더 정확한 결과는 다음과 같다.

$$\text{차이 } \% = (\text{파는 가격} - \text{사는 가격}) / (\text{파는 가격} + \text{사는 가격}) / 2 \times 100\ \% \qquad (2)$$

식 (1)로 계산한 결과는 식 (2)로 계산한 결과와 거의 비슷하다. 일반적인 목적인 경우에는 식 (1)로도 충분하지만 토론의 실마리로는 식 (2)를 이용하여 다음과 같이 살펴보고자 한다.

만약 차이가 3 %보다 적다면 우리가 받는 환율은 적당하다고 본다. 그러나 3 % 이상일 경우에는 환율이 높은 편이라고 간주할 수 있다.

환율의 예로, 캐나다 달러와 유로 사이의 관계를 살펴보자.

2007년 3월 28일, 캐나다 은행은 1유로를 1.6021캐나다 달러에 팔고 1.4954캐나다 달러로 유로화를 사고 있었다. 그 은행은 1유로 여행자수표를 1.5821캐나다 달러에 팔고 1.5039캐나다 달러에 사고 있었다. 사고파는 상황은 〈표 1〉에 정리되어 있다.

• 표 1 유로화와 여행자수표를 캐나다 달러로 사고 팔 때의 환율 •

은행	현금	여행자수표
팔기	1.6021	1.5821
사기	1.4954	1.5039
평균	1.5488	1.5430
차이 %	6.88	5.06
반 차이 %	3.44	2.53

〈표 1〉에서 평균은 다음과 같이 정의된다.

평균 = (파는 가격 + 사는 가격) / 2 (3)

〈표 1〉에서 계산된 평균 가격은 그 날 그 시간 1.5435인 시장의 환율과 거의 비슷하다. 시장 환율은 그냥 금융 시장에서의 환율을 반영하며 하루 동안 수시로 변한다. 이 환율은 인터넷으로 확인이 가능하다. 은행의 사고파는 환율 역시 시장 환율에 따라 변한다(여행자수표의 사고파는 가격의 평균은 시장 환율의 평균과 같은 반면, 현금의 사고파는 가격의 평균은 시장 환율보다 0.3 % 더 높다. 이 부분에 대해서는 나중에 다시 설명할 것임).

〈표 1〉의 현금이나 여행자수표의 차이는 모두 3 % 이상이므로 은행의 환율이 좀 높은 편이다.

반 차이는 차이의 반이다. 〈표 1〉에 계산된 3.44 %는 캐나다 돈으로 유로화를 사거나 유로화를 팔아서 캐나다 돈으로 바꿀 때 손실을 보게 되는 비용이다. 많은 현금이 모였을 때 은행이 그 현금을 실어 외국으로 보내는 것은 비용이 소요되므로 반드시 실제 현금을 은행이 가지고 있을 필요가 없는 것이 그 이유이다.

2.53 %는 캐나다 돈으로 유로 여행자수표를 살 때나 유로 여행자수표로 캐나다 돈을 바꾸고자 할 때 손실을 보는 비율이다. 은행에 가서 캐나다 돈으로 유로 여행자수표를 사고 바로 그 여행자수표를 은행에 되판다면 우리가 보는 손실은 2 × 2.53% = 5.06 %이다. 즉 $100당 $5.06을 손해 보는 것이다.

게다가 은행은 여행자수표에 1 %의 발행수수료를 부과한다. 그러므로 은행에서 유로 여행자수표를 발행할 경우, 우리는 3.53 %의 손실을 보게 된다. 이는 일반적으로 신용카드 회사가 외환 송금시 부과하는 2.5 %보다 많다(시장의 환율에 의해 신용카드 회사에서도 송금을 한다). 그러므로 우리가 유럽으로 여행을 갈 때에는 우리가 은행에서 여행자수표를 발급해 가는 것보다 신용카드를 가져가서 사용하는 것이 더 이익이다.

우리가 받을 수 있는 제일 좋은 환율은 인터넷상에서 가장 좋은 환율을 보장한다는 외환 환전 회사를 이용하는 것이다. 그 회사의 사고파는 환율은 〈표 2〉에 나와 있다. 수표 파는 가격은 나와 있지만 여행자 수표는 발행하지 않는다(외국 은행에 예금을 해둔 돈에 대한 수표만 발행해 준다). 그러나 그들도 여행자수표를 사기는 한다.

• 표 2 유로 현금과 수표를 캐나다 달러로 사고파는 외환 회사의 환율 •

외환 환전	현금	수표
살 때	1.5642	1.5625
팔 때	1.5218	1.5234
평균	1.5430	1.5430
차이 %	2.78	2.53
반 차이 %	1.39	1.27

〈표 2〉의 차이는 현금과 수표 모두 3 %보다 적으므로 외국 환전 회사의 환율은 아주 타당성이 있어 보인다.

1.39 %는 캐나다 달러로 유로화를 살 때 혹은 유로화를 팔고 캐나다 달러를 살 때 발생하는 환전 손실이다. 캐나다 달러로 외국 환전 회사에서 유로화를 사서 그 유로화를 그 자리에서 당장 되판다면 1.39 % × 2 = 2.78 %의 손실, 즉 $100당 $2.78을 손해 보는 것이다.

〈표 2〉의 평균값은 그 날 1.5435였던 시장의 환율과 거의 같았다.

은행의 평균을 유심히 관찰해 보면 흥미로운 점이 있는데, 여행자수표의 사고파는 환율의 평균은 외환시장의 환율과 거의 비슷하지만 현금을 사고파는 환율은 여행자수표의 그것보다 항상 0.3 %가 더 많다. 이는 〈표 1〉에 보였듯이 1.5488은 1.5430보다 0.37 % 더 높기 때문이다. 물론 이는 은행의 이점인데, 그 이유는 은행이 현금을 사는 일보다는 파는 일에 더 관심이 많기 때문이다. 그러므로 우리가 은행에서 유로화를 살 때에는 3.44 %를 손해 보는 것이 아니라 (3.44 % + 0.37 %) = 3.81 %를 손해 보는 것이다.

그러므로 우리가 여행을 가기 전에 환전을 하는 것은 많은 차이점을 만든다. 유럽에서 휴가를 보내면서 캐나다 달러 $10,000를 사용한다고 하자. 유로 여행자수표를 캐나다 여행사에서 구입했다면 우리는 5.05 %인 $505를 손해 본다. 은행에서 환전을 한다면 3.81 %인 $381를 손해 본다. 그러나 외환 환전 회사에서 유로화를 산다면 1.39 %인 $139만 손해를 보면 된다. 그리고 많은 돈을 소지하고 여행하기를 원하지 않는다면 신용카드를 사용해 단지 $250만 손해를 보면 된다.

다른 방법은 캐나다 달러(혹은 여러분 나라의 돈)로 여행자수표를 사서 여러분이 방문한 나라의 외환 환전 회사에서 파는 것이다. 은행은 종종 우수 고객에게는 여행자수표 발행 수수료를 받지 않는다. 게다가 캐나다 여행자 협회는 회원들에게는 여행자수표 발행 수수료를 아예 받지 않는다. 그렇다면 $10,000를 지출할 때 단지 1.27 %인 $127만 손실을 보면 된다.

다시 말하지만 약간의 수학적 계산이 많은 돈을 절약하게 해주는 예이다.

예 5

투자(investment)

혜경 씨는 캐나다의 위니펙에 살고 있다. 그녀는 2008년 2월, 투자회사에서 주최하는 금융세미나에 참석하여 그 회사의 금융상담자인 현철 씨와 면담을 갖게 되었다.

현철 씨는 퇴직을 하기 전에 집 융자금(모기지, mortgage)을 다 갚으라는 말부터 시작했다. 많은 사람들이 융자금을 가능한 한 빨리 갚으려고 노력한다. 그렇지만 그것은 실수이다. 모기지 이율은 항상 낮으므로 그 돈으로 이율이 큰 뮤추얼펀드를 구입하는 것이 좋다. 그 예로서 현철 씨는 S&P(Standard and Poor) 지수가 나와 있는 차트를 보여줬다. 1996년부터 S&P 지수용 증권에 $10,000를 투자하여 2007년에 $37,800를 받았다.

혜경 씨는 12년 동안의 평균이율이 얼마였냐고 물어 보았다. 현철 씨는 답을 몰랐기 때문에 말문이 막혔다. 그는 금융계산기로 환수 이율을 계산하는 법도 모를 뿐 아니라 그런 계산을 할 줄 아는 프로그램이 있는지조차도 모르고 있었다. 지금 그가 할 수 있는 전부는 현재 가치로부터 미래의 가치를 계산하는 것이지만 이것도 이율이 주어질 경우에만 해당된다. 혜경 씨는 자신의 계산기를 꺼내서 다음과 같이 계산을 하였다.

r을 12년 동안의 이율이라고 두자.

복리 계산을 한다면

$$(10{,}000)(1+r)^{12} = 37{,}800$$

앞의 식에서 10,000은 현재의 가치, 그리고 37,800은 12년 후의 가치이다. 양변에 자연대수(ln)를 취해 주면

$$12\ln(1+r) = \ln 3.78$$

$$(1+r) = \exp(\ln(1+r)) = \exp((\ln 3.78)/12) \approx 1.12$$

여기서 ln은 자연대수 그리고 exp는 지수함수이다.

그러므로 평균 환수 이율 r은 0.12 = 12 %이다. 뮤추얼펀드의 수수료가 대략 2 %이므로 순수 평균 환수 이율은 세금 내기 전 10 %이다.

2008년 2월 말, 모기지 이율은 7.25 %이고 5년 이율은 7.25 %이다. 그러므로 모기지 비용을 전부 갚는 대신에 뮤추얼펀드에 투자하라는 금융상담가의 제의는 어느 정도 일리가 있는 말이다. 물론 이는 특정 뮤추얼펀드가 잘 수행이 되느냐 또는 시장의 지수가 얼마나 좋으냐에 따라 달라질 수 있다. 그러나 세금 후 뮤추얼펀드 수익이 모기지 이율보다 더 낮다면 뮤추얼펀드 투자보다는 모기지론을 갚아야 할 것이다.

혜경 씨는 자신의 계산 결과를 현철에게 보여줬다. 흥미롭게도 현철 씨는 혜경 씨가 계산했던 종이를 자기가 보관할 수 없겠느냐고 물었다. 그는 잠정적인 고객에게서 뭔가를 배운 것이다.

예 6

연금 투자의 환수율

투자자들이 투자 환수율(return rate)에 관심을 갖는 이유는 환수율이 현재의 물가상승률, 이자율, 그리고 모기지 이율과 비교되기 때문이다.

• 국민연금 홈페이지 •

일반적으로 은행의 정기예금(term deposit) 이율은 물가상승률보다 적다. 즉 은행에 돈을 맡겨 두면 그 돈이 물가상승률을 따라가지 못한다는 말이다. 모기지 이율이 은행 이자율보다 더 높으므로 은행은 돈을 고객에게 빌려주어야 한다.

일반적으로 증권이나 뮤추얼펀드에 투자하는 것은 물가상승율과 비슷한 수익을 준다. 그러나 증권시장은 변덕스럽기 때문에 증권 투자는 장기적으로 해야 된다. 많은 투자자들이 증권이나 뮤추얼펀드를 주기적으로 구입하므로 그 순간의 증권이나 펀드의 가치에 따라 어떤 경우에는 저렴한 가격에 사기도 하고 어떤 때에는 높은 가격에 사기도 한다. 그렇다면 이 투자자의 평균 환수율은 얼마나 될까? 많은 사람들이 이것을 어떻게 계산하는지 모르는 것 같다.

혜경 씨는 2007년 1월 3일에 은행의 금융자문가에게 부탁하여 매달 초 자신의 계좌에서 $300를 빼내어서 뮤추얼펀드에 투자하기로 했던 일을 기억해냈다. 그녀는 퇴임 후를 위해 이 펀드 구좌를 만들려고 했었다. 그녀는 2008년 2월 2일에 자신의 펀드 구좌에 $4,019만 남아 있

다는 것을 알았다. 그 뒤로 $300를 13번 더 부었다. 이제 그녀는 자기 펀드 계좌의 1년 평균 환수율이 얼마인지 궁금했다.

그래서 그녀는 은행의 금융자문가에게 어떻게 계산을 하는지 알고 싶다고 했다. 금융자문가는 많은 고객들이 같은 질문을 했지만 어떻게 하는지 자기도 알지 못한다고 답을 했고, 이 말은 그녀를 분개하게 만들었다.

혜경 씨는 이 뮤추얼펀드를 단순연금(simple annuity)으로 볼 수 있다는 것을 알았다. 연금(annuity)이란 정해진 기간 동안 정기적으로 일정량의 돈을 적립해 나가는 방식을 말한다. 연금 지불 기간이 이자율 변환 기간과 동일한 형태의 연금을 단순연금이라 부른다. 예컨대 이자 변환 기간이 월 단위이면 지불 단위도 월 단위이다.

혜경 씨는 회계사인 남자친구에게 단순연금의 회수율과 이자율을 계산할 줄 아는지 물어보았다. 그러나 남자친구는 계산을 어떻게 하는지 전혀 알지 못했다. 남자친구는 자신의 회계사 친구에게 물어보았다. 친구 중 한 사람이 금융테이블을 참조해야 한다고 말했다. 연금 지급액, 지급 횟수 그리고 이자율 등이 표기된 단순연금의 미래가치를 보여주는 테이블이 있다는 것이다. 다른 친구는 그런 금융 계산 프로그램이 내장된 계산기도 있다고 했다.

혜경 씨는 금융테이블도 없고 금융계산기도 없었다. 있다 하더라도 금융테이블은 이자율을 알 수 있는 간접적인 방법만 보여줄 것이고 그것도 단지 근사적인 답만 줄 것이다. 그래서 그녀는 스스로 계산을 해 보기로 했다. 그녀는 예전 고등학교 수학책을 찾아서 단순연금에 관한 부분을 보았다.

단순연금 F의 축적되는 미래 가치를 계산하는 공식은 다음과 같다.

$$F = r[(1+x)^n - 1]/x \tag{4}$$

여기서 r은 정규 지불액, n은 이자율 변환 기간 또는 총 지불 횟수, 그리고 x는 변환 기간 동안의 이자율이다.

불행하게도 앞의 식을 이용한 해석적 방법으로는 이자율 x를 구하지 못한다. 이자율은 그래프를 이용해 풀거나 아니면 뉴턴의 근을 구하는 공식을 적용해 풀 수밖에 없다. 그녀는 상대적으로 간단한 그래프로 푸는 방법을 택했다.

식 (4)를 다시 쓰면 다음과 같다.

$$Fx = r[(1+x)^n - 1] \tag{5}$$

x의 함수로 그려보면 이 식의 좌변은 직선이다. 그러나 우변의 x에 대해 곡선이 된다. 따라서 직선이 곡선과 만나는 지점(원점을 제외하고)이 구하고자 하는 x값이다.

F = \$4,019, r = \$300, n = 13개월, 그리고 x를 개월별 환수율로 두고 마이크로소프트의 엑셀 프로그램을 이용해 테이블을 만들어 보았다.

표 3 단순연금의 이자율(환수율) 계산

x	Fx	$r[(1+x)^n-1]$	$Fx-r[(1+x)^n-1]$
−0.002	−8.04	−7.71	−0.33
−0.001	−4.02	−3.88	−0.14
0	0	0	0
0.001	4.02	3.92	0.10
0.002	8.04	7.89	0.14
0.003	12.06	11.91	0.14
0.004	16.08	15.98	0.10
0.005	20.095	20.09586	−0.00086
0.006	24.11	24.26	−0.15

〈표 3〉에는 식 (5)의 좌변이 두 번째 줄에, 그리고 우변이 세 번째 줄에 x의 함수로 주어져 있다. 두 줄의 값이 서로 같을 때(x = 0인 경우를 제외하고) x가 결정된다. 표에서 보면 월별 환수율 x는 대략 0.005임을 알 수 있다. 그러므로 1년 환수율은 12(0.005) = 0.06 = 6 %이다.

정답 x는 세 번째 줄에서 두 번째 줄을 뺀 네 번째 줄을 보면 알 수 있다. 그 차이를 u라 정의하면 다음과 같다.

$$u = Fx - r[(1+x)^n - 1] \tag{6}$$

네 번째 줄을 x의 함수로 〈그림 1〉에 나타냈다. 환수율은 차이값 u가 x축과 만나는 위치의 값($x = 0$은 제외)으로 정해진다. 식 (6)에서 $x = 0$이면 $u = 0$이 되어서 곡선 u가 원점을 통과한다. 이 점의 의미는 $x = 0$이면 미래 가치는 매월 적립금의 총액과 같아진다는 것이다. 식 (6)의 또 다른 해가 우리가 찾던 값이다.

다음 그림은 월별 환수율이 0.005이고 따라서 1년 평균 환수율이 6 %임을 보여준다. 혜경 씨는 나중에 은행 이자율이 많이 떨어질 것을 고려할 때 이것은 아주 수익이 높다는 것을 알게 되었다.

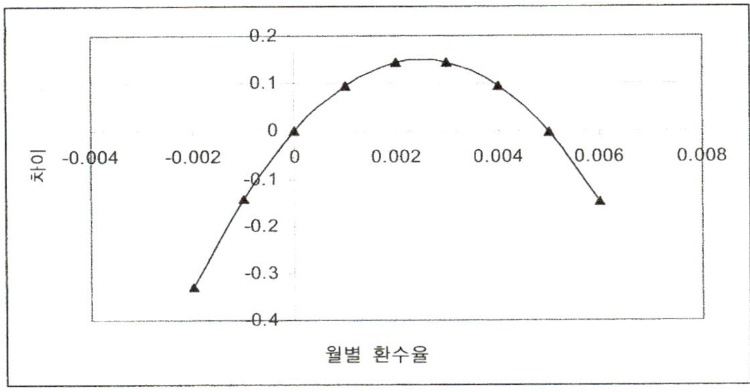

그림 1. 단순연금의 이자율(환수율) 평가. 곡선이 x축과 만나는 점(x=0 제외)이 이자율(환수율)이다.

예 7

초기 적립금과 연금 투자를 병용할 때의 평균 환수율

혜경 씨는 나중에 친구 혜숙에게 그래프를 이용하면 연금식 투자의 환수율을 쉽게 알 수 있다고 말해 주었다. 혜숙 씨는 초기 적립금과 병용하여 연금 투자를 한다면 어떻게 공식을 수정해야 하는지 물어 왔다. 그녀는 2006년 2월 1일에 $1,000를 펀드에 먼저 넣고 2006년 3월부터 매달 초에 $250를 적립해 갔다. 2008년 4월 2일에 확인해 보니까 잔고가 $8,061였다. 적립 개월 수는 26개월이었다. 그녀는 평균 환수율이 얼마인지 궁금했다.

혜경 씨는 수식을 수정하는 것은 그리 큰 문제가 아니라고 했다. 식 (4)에 초기 적립금을 추가하면 미래 가치 F는 다음과 같다.

$$F = P(1+x)^n + r[(1+x)^n - 1]/x \tag{7}$$

여기서 P는 초기 적립금, r은 매달 적립금, n은 총 적립 횟수, 그리고 x는 구간 동안의 이자율 혹은 평균 환수율이다.

식 (7)을 다시 쓰면 다음과 같다.

$$f\,x = r[(1+x)^n - 1] + xP(1+x)^n \tag{8}$$

여기서 다음과 같이 정의한다.

$$u = Fx - r[(1+x)^n - 1] - xP(1+x)^n \tag{9}$$

u를 x에 대한 그래프로 그리면 곡선이 x축과 만나는 위치(원점 제외)에서 평균 환수율이 구해진다. 이 작업은 수치를 입력하고 엑셀 프로그램을 돌려도 몇 분 안에 해결이 나는 문제이다.

예 8

연금(pension)

캐나다 연금국(CPP)에 따르면, 모든 캐나다 국민은 18세가 되면 국민연금계획에 의해 자신의 소득 중 일부를 기금으로 내야 한다. 그런 후 60세가 되면 연금공을 통해 정부로부터 연금을 받는다.

인혜 씨는 2006년에 58세로 퇴직을 했다. 1년 반 후 인혜 씨는 60세부터 퇴직연금을 받게 된다는 캐나다 복지국(Service Canada)의 연락을 받았다. 연금은 한 달에 $700란다. 그러나 그녀는 연금을 65세부터 받도록 선택할 수도 있다. 그렇게 하면 65세부터 한 달에 $1,000를 받을 수 있다고 한다. 즉 60세부터 연금을 받는다면 65세부터 받을 연금의 70 %만 계속 받게 되는 것이다. 그녀는 자기가 85세까지 산다고 했을 때 어느 것이 더 이로울까 궁금했다(2006년 캐나다 여성의 평균 수명은 82.6세이다).

그래서 약간의 계산을 해보았다.

n을 60세부터 받은 연금 총액과 65세부터 받은 연금 총액이 같아지는 60세 이후의 연수라 하고, b는 연금을 65세부터 받을 때 1년에 받게 되는 총액이라 두면 다음을 알 수 있다.

$$0.7bn = b(n-5) \tag{10}$$

식 (10)의 왼편은 60세에 연금을 시작하여 n년 동안 받을 총액이고 오른편은 65세부터 연금을 받아 $(n-5)$년 동안 받을 총액이다.

식 (10)을 간단하게 줄이면 다음과 같다.

$$0.7n = n-5 \tag{11}$$

그리고 n에 대해 풀면 다음과 같다.

$$n \approx 16.7$$

그러므로 (60+16.7)=76.7세가 되면 60세에 시작했을 때와 65세에 시작했을 때 받았던 연금의 총액이 같아지게 된다. 65세부터 연금을 받도록 신청을 했다면 76.7세 이후부터 매달 $300를 더 받게 되는 것이다. 그녀는 자신이 85세까지 산다고 가정을 했으므로 연금을 65세까지 기다렸다가 타는 것이 더 이익이라는 것을 알았다.

그렇지만 '잠깐만!' 연금에는 매년 물가 인상분을 감안하는 제도가 있다. 그녀는 복지국에 전화를 해서 그것에 대해 문의를 했고 매년 연금을 타는 사람에 한해 인상분을 감안한다는 대답을 들었다. 최근 몇 년 동안 물가 감안분은 2 % 정도였다. 하지만 이 감안은 연금을 시작하는 사람에게만 적용이 된다는 것이다. 즉 만약 그녀가 65세에 연금을 받기 시작한다면 그녀는 그 때에도 여전히 현재의 연금인 $1,000를 받게 되는 것이다. 그래서 혜경 씨는 물가 인상분을 고려하여 계산을 다시 하였다.

그녀가 고려해야 할 것이 하나 더 있었다. 그녀가 연금을 받아 그 돈을 은행에 넣어 두면 이자를 얻게 된다. 그러므로 그 이자도 계산에 넣어야 한다.

r을 1년 총 환수율이라고 하자.

$$r = \text{물가 인상분} + \text{이자율} \approx 0.02 + \text{이자율}$$

다음과 같이 정의하자.

$$s = 1 + r \tag{12}$$

n에 대해 풀면 다음을 알 수 있다.

$$0.7b(1 + s + s^2 + ... + s^{n-1}) = b(1 + s + 2^2 + ... + s^{(n-5)-1}) \tag{13}$$

식 (13)의 왼편은 연금을 60세에 시작하여 n년 후 이자율에 물가 상승분까지 고려한 총 연금이고 오른편은 65세에 시작하여 $(n-5)$년 후 이자율과 물가 상승분까지 고려한 총 연금의 합이다.

합 수열에 관한 공식을 사용하면 식 (13)은 다음과 같이 줄어든다.

$$0.7[(s^n - 1)/(s-1)] = (s^{n-5} - 1)/(s-1) \qquad (14)$$

그리고 n은 다음과 같이 풀린다.

$$n = \ln[0.3/(s^{-5} - 0.7)]/\ln s \qquad (15)$$

식 (13)을 이용하여 혜경 씨는 다음의 표를 완성하였다.

표 4 연금을 60세 혹은 65세에 시작한 후 $(60+n)$년 후 이자와 물가 상승분까지 포함하여 받게 될 총 연금이 같아지는 횟수 n은 60세가 지난 이후의 연수. 물가 상승분은 2 %로 잡았다.

이자율(%)	n
0	19
1	20.7
2	23
3	26.2
4	31.7
5	46.4
6	해가 없음

물가 상승분 2 %와 이자율 4 %일 때 혜경 씨의 나이가 (60+31.7)=91.7세가 되어야 60세와 65세에 연금을 시작했을 때 동일한 연금 총액을 받게 된다. 이자율이 6 %일 경우, 65세에 연금을 받는다면 영원히 동일한 연금 계산이 불가능하므로 60세에 시작하는 것이 좋다.

혜경 씨는 85세까지 산다고 가정하고 현재의 이자율이 4 %이므로 60세에 연금을 시작하는 편이 좋겠다고 결정했다.

60세에 연금을 받기 시작하는 사람을 위해 다음과 같은 시나리오를 만들어 보자. 만약 60세에 연금을 신청하지 않으면 은행으로부터 7 % 이상의 이율로 돈을 빌려야 한다. 〈표 4〉로부터 판단해볼 때 65세에 신청을 하게 되면 더 적은 돈을 받게 된다. 그러므로 반드시 60세에 연금 신청을 해야 한다.

그러므로 이 계산은 문제 상황을 어떻게 설정하는가에 따라 결과가 매우 많이 달라짐을 보여준다. 물가 상승분과 이자율을 고려하지 않는다면 혜경 씨는 연금을 65세에 신청하는 것이 더 좋다. 그 둘을 고려한다면 60세가 더 좋다.

결과적으로 신뢰성이 있는 결정을 하기 위해서는 모든 모델에 변수가 될 수 있는 현실적 문제가 반드시 포함되어야 한다는 것이다.

예 9

자기 수납 공간(self-storage unit)

인경 씨는 미국 로체스터(Rochester)에 산다. 그녀는 언니 인순 씨를 보러 1년에 한 번씩 홍콩으로 간다. 홍콩은 세계에서 생활비가 가장 비싼 도시들 중 한 곳이다. 2006년, 1 ft^2당 비용은 홍콩 달러로 \$500이고 미국 달러로는 \$150이다(한국 기준 평당 700만원). 그렇지만 인순 씨는 60대 초반으로 잘 지내고 있다. 그녀는 자택을 갖고 있으며 퇴임 후를 위해 몇 개의 임대주택도 갖고 있다.

홍콩의 아파트 임대 이자율은 3.5 %이다. 그러므로 아파트 임대업은 현재 은행 정기예금의 이자율 5 %보다 낮으므로 좋은 투자가 아니다. 그러나 집값은 오를 것이다. 아파트 가격이 매년 3 %씩 오른다고 가정하면 총 이자율은 (3.5 % + 3) = 6.5 %가 되므로 아파트 임대업이 그리 나쁜 것은 아니다.

2006년 10월, 인경 씨는 인순 씨를 만나러 홍콩으로 갔다. 점심 식사 도중 인순 씨는 동생에게 자신의 아파트에 오래된 가구나 기타 가정용품 등을 둘 공간이 부족하여 산업체에서 운영하는 자기 수납 공간을 임대했다고 말했다. 그녀가 빌린 자기 수납 공간은 84 m^2 크기로 천장도 아주 높았다. 한 달에 홍콩달러 $2,800(미국 달러 $360)를 임대비용으로 낸다고 했다. 인경 씨는 그럼 자기 수납 공간을 구매하게 되면 얼마를 지불해야 하는지 물어 보았고 홍콩달러로 $330,000가 든다는 것을 알았다. 인경 씨는 임대를 하는 대신 왜 구입을 하지 않았는지 물어 보았다. 인경 씨는 설명을 계속해 갔다. 세금과 기타 경비를 제하고서 자기 수납 공간 소유주는 $2800 중 $2500를 이익으로 남길 수 있다. 이는 연이율로 $2,500 \times 12/330,000 \approx 9\ \%$ 정도 되므로 아파트를 대여하는 것보다 훨씬 좋은 투자가 된다는 의미이다. 이런 고이율이 보장되므로 수납 공간을 임대하는 것보다는 구매하는 것이 더 가치가 있다.

인순 씨는 자기 남편의 말을 빌려서 자기 나이 대에는 어떠한 물건이라도 구입을 해서는 안 된다고 했다. 자기들이 가지고 있는 재산을 자꾸 팔아치워야 그 자산을 소유함으로써 생기는 문제들을 최소화할 수 있다는 것이다. 그러나 인경 씨는 언니에게 개인적 목적으로 자기 수납 공간을 소유하는 것은 아파트를 임대하여 임차인과의 사이에서 발생할 수 있는 문제가 일어나는 것과 별다를 것이 없다고 했다. 게다가 11년 동안 임대하면 수납 공간을 구매하는 비용과 맞먹는다는 계산($1/9\ \% = 1/0.09 \approx 11$)이 나왔다. 인경 씨는 언니가 앞으로 11년은 더 산다고 보았고, 언니 자식들이 수납 공간을 필요로 할 경우에는 그 공간을 물려줄 수도 있다고 말했다.

인순 씨는 그 말에 동의하여 현재 수납 공간을 구매하기 위해 알아보고 있다.

앞의 예에서 보듯이 수학은 일상생활의 문제를 푸는 데 이바지한다. 수치 계산을 통해 우리의 금융 문제를 해결할 수 있으며 이익을 얻을 수도 있다.

CHAPTER 12

확률치

probable value

어떤 문제는 여러 가지 그럴 듯한(plausible) 해결책이 존재한다. 이럴 때, 우리는 어떤 경로를 택해야 할까? 문제를 푸는 데 있어서 각 경로는 단지 어떤 기회나 성공할 확률을 가질 뿐이다. 만약 각 경로나 해결책들이 다른 보상(reward)을 갖는다면 각 경로의 확률치는 확률에 의해 보상의 곱으로 정의할 수 있다. 대부분의 경우 가장 확률치가 높은 경로를 택한다(확률치라는 말은 우리가 정한 용어로, 통계에서 말하는 기대치와 유사하다. 이런 관점에서 보면 기대치는 모든 확률치의 합으로 볼 수 있다).

문제 상황을 다른 관점에서 보면 세 가지 문제 정의가 있는데, 그것들이 두 가지, 네 가지, 세 가지 해결책을 각각 갖는다고 하자. 그러면 2 + 4 + 3 = 9가지 경로 중 하나를 택해서 목적지에 도달하게 된다. 각각의 경로의 성공 가능성을 평가할 필요가 있으며 그런 후 확률치를 평가해야 한다.

어떤 사건의 가능성을 평가한다는 것은 과거와 현재를 관찰한 후 미래의 기회를 가정하는 것이다. 어떤 사고가 일어날 것을 예측하려면 주변 환경을 평가할 수 있는 정보나 경험이 필요하다.

주어진 두 가지 경로 중에서 성공 가능성이 더 높은 경로를 택하지 못할 수도 있다. 그 대신에 더 높은 확률치를 갖는 경로, 즉 성공 가능성은 낮지만 다음의 예와 같이 보상이 더 크거나 노력을 더 적게 하거나 불편함이 더 적은 경로를 택할 수도 있다.

예 |

대학 투어

민정 씨와 병인 씨는 이란성 쌍둥이를 두고 있다. 2003년, 쌍둥이는 동시에 고등학교를 졸업했고, 아들은 킹스톤에 위치한 퀸스 대학의 컴퓨터과학과에, 입학했고 딸은 토론토 대학에서 경영학을 공부하게 되었다.

민정 씨와 병인 씨는 아이들을 학기가 시작하는 9월 이전에 대학에 데려다 주어야 했다. 그들은 오타와에 살고 있었는데, 킹스톤은 오타와와 토론토의 중간에 있다. 병인 씨는 가장 효과적인 방법은 401번 고속도로를 타고 가다가 아들을 퀸즈에 내려준 후 점심을 먹고 토론토로 가는 것이라고 생각했다. 오타와에서 킹스톤까지 두 시간 정도 걸리며 킹스톤에서 토론토까지 또 두 시간 정도가 걸린다. 그들은 미니밴을 가지고 있었으므로, 아무리 짐이 많아도 두 아이의 짐을 차 안에 다 실을 수 있을 것이라고 생각했다.

민정 씨는 그렇게 생각하지 않았다. 모든 짐이 밴 내부에 들어가야 하기 때문에 모든 사람이 스트레스를 받을 것이라고 생각했다. 가장 좋은 방법은 아들을 퀸즈에 데려다 준 후 오타와로 돌아와서 다음 날 딸을 토론토 대학에 데려다 주는 것이었다.

민정 씨는 병인 씨에게 두 번에 나눠서 아이들을 데려다 주자고 말했다. 병인 씨는 그것이 효과적인 방법이 아니라고 분명히 생각했지만, 아무 대답도 하지 않았다. 그가 어떠한 반대를 하더라도 소용 없을 것이라는 걸 알았기 때문이다. 병인 씨는 아내를 잘 알고 있었다.

민정 씨는 항상 옳은 결론을 내려왔다. 과거에 대해서도 옳았을 뿐 아니라 미래에 대해서도 옳다. 마음을 바꾸었다면 그것은 환경이 바뀌었기 때문에 어쩔 수 없는 것이었다고 말했다. 이런 식으로 보자면 그녀는 항상 상대적으로 진실만 말하는 것처럼 보였다.

병인 씨는 미래를 잘 예견하지 못한다. 그는 단지 자원이나 노력을 최소한으로 사용하면서 적절한 성공 가능성을 갖는 경로를 택할 뿐이

다. 그는 자신의 아이디어가 100 % 역할을 한다고 예견하지 못한다. 그러나 그가 택한 경로가 일을 완수할 좋은 기회를 가질 것이라고 평가한다. 이번의 특별한 여행에서도 그는 아이들과 각자의 짐이 얼마나 되는지 확인을 한 후 짐 전부를 밴에 실을 수 있다고 확신하고 있었던 것이다.

여행을 떠나기 며칠 전, 민정 씨가 그 문제를 다시 끄집어내어 두 번에 나눠 여행을 해야 한다고 말했다. 병인 씨는 그제서야 한 번의 여행으로도 충분하다고 말했다. 그는 모든 짐이 밴 안에 다 들어가지 않으면 아들의 짐 일부를 남겨두었다가 다음 주 킹스톤에 다시 가져다 주면 된다고 했고, 민정 씨도 결국 동의를 했다.

여행을 가기 전날 저녁, 병인 씨는 아들에게 밴의 중간의자를 접은 뒤 큰 짐들을 넣을 수 있도록 도와달라고 했다. 다음 날 아침, 나머지 짐을 밴에 실었다. 병인 씨는 아이들이 처음 자기에게 말했던 것보다 50 % 정도 더 많은 짐을 들고 나왔다는 것을 알아차렸다. 다행스럽게도 여유 공간이 있었다. 결국 박스 하나를 풀어서 짐을 꺼낸 후 뒷 자리의 여유 공간에 쑤셔 박았다. 짐이 뒷자리까지 꽉 차긴 했지만 운전을 하는 데 불편을 주지는 않았다.

그들은 정오에 퀸스에 도착하였다. 퀸스 대학의 명성대로 신입생을 위한 오리엔테이션이 잘 이루어지고 있었다. 1시간 만에 그들은 아들의 물건들을 학생기숙사로 옮겼다. 신입생은 자기방에서 전화기를 바로 사용할 수 있었다. 이런 서비스는 학생들이 도착하여 전화기를 설치해 달라고 신청을 한 후 며칠이 지나야 설치가 되는 다른 대학보다 훨씬 좋았다.

가족은 교내 식당에서 점심을 먹었다. 오후 2시 경, 아들을 킹스톤에 남겨둔 채 토론토로 떠나 4시가 조금 지나 토론토 대학 교정에 도착했다.

병인 씨는 이번 여행은 계획을 잘 세워서 모든 것이 계획대로 되었다고 생각했고, 민정 씨도 이에 동의했다.

예 2

애기와 차 보조의자(baby and carseat)

병철 씨와 윤선 씨는 막 결혼을 해서 새 차를 샀다. 새 차는 의자가 네 개이고 문이 두 개였다.

1년 후 그들은 딸아이를 낳았다. 그래서 아기의자를 뒷좌석에 설치해야 했다. 차의 문이 두 개여서 아이를 보조의자에 앉힐 때마다 매우 불편함을 느꼈다. 결국 그들은 문 두 개짜리 차를 판 후 문 네 개짜리 차를 샀다.

병철 씨와 윤선 씨는 아이가 태어나면 문이 네 개짜리인 차가 필요할 것이라는 사실을 처음부터 예상했어야 했다.

예 3

가격 조정(price adjustment)

일부 상점은 가격 조정 정책을 편다. 자기 가게에서 산 물건이 나중에 세일을 하게 되면 영수증과 함께 물건을 들고 올 경우, 차액을 환불해 준다는 것이다. 이런 가격 조정이 가능한 기한은 물건을 산 후 14일 이내이다.

2007년 12월이었다. 아버지는 입고 있는 재킷이 낡았기 때문에 새 겨울 재킷이 필요했다. 아이들은 낡은 재킷 탓에 아버지가 항상 노숙자

같아 보인다고 말하곤 했다. 그는 상점이 세일을 하는 크리스마스 날이나 그 다음 날 새 재킷을 사야 되겠다고 생각했다. 20세인 딸은 아버지보다 자신이 훨씬 안목이 좋다며 함께 쇼핑 갈 것을 제안하였다. 쇼핑광인 딸은 가장 저렴한 가게가 어디인지도 잘 알았다.

아버지와 딸은 2008년 1월 12일, 쇼핑센터에 갔다. 몇 군데의 가게를 둘러본 후 딸은 아버지를 위해 아주 예쁜 재킷을 골랐다. 아버지도 한 번 입어보고는 만족해 했다. 아버지는 25 % 할인된 가격인 $215에 그 재킷을 구입했다.

옷을 봐주러 따라갔던 딸은 영수증 뒷면에 가격 조정 정책이 인쇄되어 있는 것을 발견했다. 처음 물건을 구입한 후 14일 이내에 한 번만 세일 가격 조정 기회가 주어진다는 것이었다. 딸은 그 가게가 나중에 창고정리 세일을 할 수도 있으므로 쇼핑센터에 갈 때마다 잘 지켜보기로 했다.

다음 주 월요일 날, 그녀는 그 가게가 모든 상품을 30 % 세일한 가격으로 판매한다는 큰 광고판을 붙였다고 아버지께 말씀드렸다.

며칠 후 아버지와 딸은 그 가게로 가서 $64.50를 환불 받을 수 있었다.

목적지로 가는 경로의 확률치를 평가하는 것은 종종 매우 유익한 결과를 얻게 한다. 뭔가 보상이 있는 경로라 할지라도 많은 노력이 필요하고 성공 가능성이 낮다면 실행에 옮기기 전에 그 경로를 포기해야 할 수도 있다. 다음의 예를 살펴보자.

예 4

대학원 장비 설치하기

과학이나 공학 쪽 대학원에 입학하는 학생들에게 지도교수가 실험을 위한 장비를 설치하라고 지시하는 일은 특별한 일이 아니다. 학생들은 실험이 매우 특별하거나 실험용 장비가 상업적으로 판매하는 것이 아닌 경우에는 실험장비를 스스로 설치해야 한다. 게다가 장비설치는 미래에 학생들이 장비를 설계하거나 설치를 하고자 할 때를 위해서도 아주 좋은 훈련이 된다.

설사 그 장비가 판매되고 있다고 할지라도 지도교수가 직접 장비설치를 하라고 요구하는 경우도 있는데, 이것은 지도교수가 그 장비를 구입할 연구비가 없거나 다른 연구를 위해 연구비를 공유해야 하기 때문에 여유가 없을 때이다. 종종 장비설치는 학생이나 심지어는 교수가 가진 능력보다 더 어려울 때도 있는데 특히 학생이 경험이 적거나 석사과정 학생일 경우에는 더욱 그러하다. 이런 관점에서 볼 때 학생이 자신의 박사학위를 위해 장비를 설치하도록 지시 받는 것은 불공평할 수도 있다. 캐나다의 한 대학에서 생긴 다음의 두 가지 예를 살펴보자.

〈상황 1〉

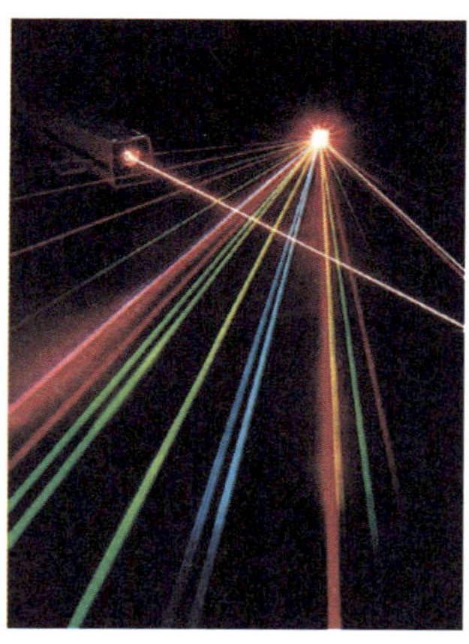

경득 씨는 대학에서 전기공학과를 졸업했다. 그는 대학원에 들어가는 데 필요한 NSERC(국립 과학공학 연구회) 졸업장학금을 받게 되어 매우 기뻤으며 같은 대학의 대학원에 들어가기로 결정하였다. 그는 스스로 지도교수를 정했는데, 지도교수는 레이저를 제작하여 실험 데이터를 모아 석사학위 논문에 활용하자고 제의를 했다.

경득 씨는 레이저를 만들어본 경험이 없었다. 사실 그는 뭘 만들어 보는 일에 대한 경험이 전혀 없었다. 더 상황이 나쁜 것은 지도교수로부터 아무런 도움을 받지 못하는 것이었는데, 지도교수는 실험실에서 자기 손에 기름을 묻히는 것을 싫어하는 사람들 중 한 사람이었다. 경득 씨는 레이저에 관한 서적을 읽어보고 레이저 장비를 만들어본 경험이 있는 사람을 찾아가서 의논을 하였다. 그러나 불행하게도 2년이 지나도 그는 레이저를 만들지 못했다. 실망한 나머지 그는 MBA 과정으로 전과를 하게 되었다.

〈상황 2〉

광호 씨는 공학분야에서 석사학위를 받으러 캐나다로 오면서 한국 정부로부터 장학금을 받았다. 광호 씨는 르윈스키라는 교수를 찾게 되었는데 그 교수는 광호 씨에게 초전도 솔레노이드를 제작하여 데이터를 모아서 석사논문에 활용하자고 제안하였다. 초전도 솔레노이드는 액체 헬륨 온도(−269℃)에서 아주 무시할 수 있을 정도의 저항을 가져 전력 손실이 거의 없는 전자기 코일로 이루어져 있다. 이 장비는 아주 안정적인 자기장을 만들어서 극저온에서 공학자나 과학자가 물질의 특성을 조사하는 데 도움을 준다. 자기장을 유지하기 위해 솔레노이드는 액체 헬륨이 들어있는 스테인리스로 만들어진 저장용기(dewar) 통 안에 넣어 두어야 한다.

르윈스키 교수와 광호 씨는 솔레노이드 작업을 아직 시작하지 않았지만 저장용기를 구입할 자금이 부족하였다. 그러나 별 문제가 되지 않았다. 물리학과의 마틴 교수가 상업용 초전도 솔레노이드를 담는 저장용기를 갖고 있어서 필요할 때 빌려주기로 약속을 했기 때문에, 자신들이 솔레노이드를 만들기만 하면 시험을 해볼 수 있었기 때문이었다. 마틴 교수는 르윈스키 교수에게 개인 기업이 솔레노이드 개발을 위해 수년간 노력을 경주하고 있다고 전해 주면서 차라리 상업용 솔레노이드를 구입하는 편이 더 나을 것이라고 충고를 해주었다.

그러나 르윈스키 교수는 마틴 교수의 말을 듣지 않았다. 광호 씨와 르윈스키 교수는 마침내 솔레노이드를 만들어서 물리학과로 옮겨 물리학과의 솔레노이드를 빼내고 자기들이 만든 솔레노이드를 집어넣어 시험을 했다. 그러나 2년에 걸쳐 자신들의 솔레노이드를 여러 번 시험해 보았지만 한 번도 작동을 하지 않았다. 그러는 사이 한국 정부로부터 장학금도 끊기고 광호 씨도 더 이상 연구를 진행할 여력이 없었기 때문에 석사학위를 받는다는 희망을 접은 채 한국으로 돌아와 버렸다.

대부분의 아시아 국가 부모들은 자식들이 외국에 가서 공부하기를 원하며 자식들이 학위를 가지고 돌아오기를 바란다. 만약 학위를 받지 못하고 돌아오면 불명예로 생각한다. 이 공학 교수들은 이 점을 간과했던 것이다. 이 교수들은 한 사람의 경력에 큰 손상을 주었을 뿐 아니라 그 사람의 인생을 바꾸어 버린 셈이다.

보통 해법에 대한 경로가 주어지게 되면 우리는 확률치를 높이기 위해 노력한다. 성공 확률을 높일수록 최종 보수도 높아진다. 대부분의 경우, 확률을 높이는 것이 가능하다는 것을 다음의 예에서 보여준다.

예 5

의학대학원 진학

캐나다에서는 학부를 졸업한 학생들이 지원할 수 있는 4년제 대학원 과정인 의학대학원이 있다.

의학대학원 입시는 아주 치열하다. 인구가 증가하면서 캐나다에서는 많은 의사들이 필요했다. 의사는 고소득인 좋은 직업으로 인정된다. 이런 기대감 때문에 많은 학생들이 온종일 책과 씨름을 하고 1주일에 한두 시간 정도만 사회활동에 투자한다. 의사는 보통 1년에 $250,000 정도의 수입이 보장되는데 이는 박사학위를 받은 사람의 네 배에 달하는 액수이다.

북미의 대학에서 학생의 수학능력은 CGPA(Cumulative Grade Point Average)에 의해 수치상으로 나타내지는데 이 CGPA는 학생이 수강한 모든 과목의 성적을 평균하여 산출한 것이다. CGPA의 최고점은 4.0인데 이는 모든 과목에서 'A' 학점을 받았다는 의미이다. 캐나다 의학전문대학원의 입학 제한 학점은 3.5이다. 그러나 입학을 원하는 학생들이 많기 때문에 CGPA가 3.6을 넘는 학생들만 입학 면접을 보게 된다. 그리고 면접을 본 두 명 중 한 사람만 입학 자격을 얻게 된다. 그러므로 의학전문대학원의 입학 자격을 얻는 것은 매우 경쟁이 치열하다.

장일 씨는 수입 뿐 아니라 개인적인 흥미 때문에 의학대학원 진학을 매우 원했다. 장일 씨는 기회를 증대시키기 위해 어쨌든 노력을 해야 한다는 것을 알고 있었다. 그는 한 가지 전략을 가지고 있었다.

모든 대학에는 의학전문대학원에 들어가기 전에 학생들이 반드시 들어야 할 선수과목이 있다. 예컨대 물리학은 선수과목 중 하나이다. 그런데 물리학은 다양한 난이도로 여러 과목이 개설되어 있다. 생물학 전공자를 위한 물리학과, 공학도를 위한 물리학 과목이 개설되는데 그 중 공학도용 물리학이 더 어렵다. 장일 씨는 당연히 생물학도용 물리학 과목을 신청하였다. 그는 이 과목에서 3.7이란 학점을 받았다. 게다가 그는 다른 수강과목들도 매우 신경을 써서 골랐기 때문에 CGPA 총점을 적절하게 유지할 수 있었다. 결국 졸업학점 3.9로 학부를 졸업할 수 있었다. 근본적으로 그가 한 일은 정해진 범주 내에서 일을 하면서도 그의 경력을 최대화할 수 있도록 노력한 것이었다.

그러나 CGPA가 대학이 바라는 모든 기준은 아니었다. 의과대학에서는 필수과목 학점 이외의 교양학점들을 평가하는 MCAT(Medical College Admission Test)도 평가한다.

MCTA는 캐나다나 미국의 의학전문대학원 입학 지원생을 위해 컴퓨터에서 치러지는 시험이다. 이 시험은 문제풀이 능력과 과학적 개념을 분석해 서술하는 능력 등을 평가하도록 고안되었다. 장일 씨는 높은 MCTA 점수를 얻기 위해 다양한 주제에 관한 문제를 풀어보면서 8시간짜리 MCTA 예비과목까지 수강하였다. 게다가 5개월에 걸쳐 스스로 출제한 문제를 풀면서 시험에 대비를 했다. 그 결과 아무 문제없이 통과 가능한 MCTA 학점을 취득할 수 있었다.

과외 활동으로 그는 한 해 여름동안 병원에서 자원봉사를 했으며 다음 해 여름에는 대학의 미생물학과 교수 연구학생으로 근무를 하였다. 장일 씨는 병원과 교수로부터 아주 좋은 추천서를 받았다.

결과적으로 그는 네 군데의 대학에서 면접을 보았으며 모든 대학에서 입학허가서를 받았다. 우리는 여기서 장일 씨가 성공을 위한 자기의 가능성을 증가시키기 위해 최선을 다하는 모습을 보았으며, 그 결과 성공할 수 있었다는 것을 알 수 있다.

예 6

고층 아파트촌

가희는 싱가포르에 살고 있다. 그녀는 아버지와 남동생 그리고 여동생이 살고 있는 홍콩을 1년에 두 번씩 방문한다. 그들은 자주 외식을 한다. 가희의 남동생 봉수 씨가 차를 가지고 있으므로 도심을 운전해 돌아다니기에 아주 편리하다.

어느 토요일 날, 그들은 점심을 먹은 뒤 아버지의 집으로 돌아왔다. 아버지의 집 바로 근처까지 왔을 때 교통체증 때문에 꼼짝달싹도 못하게 되었다. 봉수 씨의 차가 서 있는 자리 바로 옆은 고층 아파트촌의 출입구였다. 가희 씨는 아파트촌 안으로 들어가 다른 출입구 쪽으로 나가

자고 제안을 했다. 봉수 씨는 예전에 그렇게 해보았지만 다른 출구가 없었다고 대답했다.

가희 씨는 그래도 한 번 가보자고 우겼고, 봉수 씨는 마지못해 그렇게 했다. 그런데 어찌된 영문인지 다른 출입구가 있는 것이 아닌가! 그들은 그 출구로 나와 집으로 빨리 돌아올 수 있었다.

가희 씨는 나중에 자기가 도시계획에 대해 좀 알고 있는데 그런 고층 아파트촌이 오직 하나의 출입구만을 가질 수는 없다고 말했다.

이러한 예가 보여주듯이 가희 씨는 싱가포르의 고층 아파트촌을 관찰하면서 일반적 원칙을 유도해냈으며 이를 이용해 다른 도시의 비슷한 환경 상황을 추론하게 된 것이다. 그리고 이런 가능성을 잘 이용함으로써 그들은 목적지에 빨리 도착하게 되었다.

때로는 경로가 주어진 경우에도 보상을 증가시킬 수 있는데, 다음이 그러한 예이다.

예 7

바닷가재 뷔페

해광 씨 가족은 뉴욕 주의 시러큐스(Syracuse)에 살고 있다. 어느 여름, 해광 씨의 4인 가족은 2주 동안 플로리다로 휴가를 갔다.

그들이 머문 호텔 근처에는 바닷가재를 파는 식당이 있었다. 고객 한 사람당 한 번에 한 마리의 바닷가재가 제

공되었고, 한 마리를 다 먹고 다시 카운터로 가면 또 한 마리의 바닷가재가 제공되었다. 그리고 손님이 원하는 한 얼마든지 이런 식으로 바닷가재를 더 먹을 수 있었다.

가족 모두가 바닷가재를 너무 좋아했기 때문에 해광 씨 가족은 저녁 뷔페를 먹기로 했다. 바닷가재는 아주 부드럽고 맛이 있었으며 가족들은 모두 만족스럽게 식사를 했다.

그날 밤, 가족들은 다같이 모여서 저녁식사가 얼마나 맛있었는지에 대해 대화를 나누었다. 아버지는 네 마리의 바닷가재를 드시고 배가 꽉 찼다고 하셨다. 12살짜리 아들은 6마리를 먹었다고 했다. 아버지는 의아해하면서 아들에게 어떻게 6마리나 먹을 수 있었냐고 물어 보셨다.

아들의 설명에 의하면 고객이 바닷가재를 가지러 뷔페 코너에 가면 종업원이 바닷가재와 함께 따뜻하게 녹인 버터를 주었는데, 버터는 향을 증대시키기 위해 바닷가재의 살코기를 적셔 먹을 때 사용한다. 그러나 버터도 배를 부르게 만드는 데 일조를 하므로 아들은 버터 대신에 옆에 놓여 있는 레몬즙을 짜서 향을 더해 먹었다(레몬즙은 바다 생선들이 갖는 비릿한 냄새를 제거해 주는 역할을 한다). 레몬즙은 다른 목적으로도 사용되는데, 소화효소를 자극하여 분비되도록 만들어서 소화를 돕는 기능도 있다. 이런 이유 때문에 아들은 6마리의 바닷가재를 먹을 수 있었던 것이다.

아버지는 아들에게 생물학 수업을 받았다는 것을 깨달았다.

일반적으로 일상생활에서 우리가 선택해야 할 경로가 여러 가지이면 각 경로의 성공 가능성을 평가하고 마지막으로 그 보상에 대해서도 염두에 두어야 한다. 각 경로의 확률치를 계산한 후 가장 확률치가 낮은 것은 버리고 가장 높은 확률치를 갖는 것을 골라 시도를 해보면 된다.

물론 우리가 선택한 경로가 반드시 성공적인 성과를 낸다고 단정하기는 어렵다. 경로는 가설이며 그 가설의 정당성은 오직 실험을 통해 증명될 뿐이다. 이것이 과학적 방법의 핵심이다.

CHAPTER 13

맺음말

epilogue

우리는 매일 문제에 봉착한다. 설사 문제에 직면하지 않더라도 문제가 없다는 의미는 아니다. 때때로 우리는 문제를 미리 알고 싶어 한다. 관찰, 가정, 그리고 실험을 통한 과학적 방법은 이와 같은 문제를 인식하고 정의하며 해결할 수 있게 우리를 도와준다.

우리는 눈을 부릅뜨고 뇌를 재빠르게 회전시켜야 한다. 그리고 문제가 우리에게 슬며시 다가오기 전에 문제점을 예상하여 미리 낚아채야 한다. 문제를 인식하는 것도 중요하지만 그 문제가 얼마나 중요한지 깨닫고 평가하는 것도 중요하다. 문제점을 심각하게 인식하지 못하면 반드시 그 대가를 치러야 한다.

문제점과 관련성이 깊은 정보들을 찾아서 모으고 가능한 한 빨리 몇 가지 가설을 세워야 한다. 그 중 현재의 문제 상황을 가장 잘 설명하는 한 가지를 선택하라(이런 추론법을 가추법이라 한다. 4장 4.1절 참조). 무슨 일이 일어날지를 예측하는 가설을 세워서 실험을 통해 그 가설이 맞는지를 검증해야 한다. 여기서는 가설이 중요한데, 그 이유는 가설이 여러분의 방향 설정 감각을 향상시켜 주기 때문이다. 가설이 틀렸다면 경로를 수정하여 새로운 가설을 만들어라. 실험을 하는 데에 있어서는 많은 시간과 노력을 기울여 주의 깊게 실행하라. 그리고 여러분의 가설에 실수가 없는지 긍정적으로 검토해 보아라.

관찰, 가설, 그리고 실험이 항상 순서대로 이루어질 필요는 없다. 필요한 순서대로 진행을 하면서 상황에 따라 순서를 바꾸어 가면 된다.

우리는 머릿속에 담아 둔 모든 정보를 탐험하여 서로 다른 개념들 간의 관계를 가시화하고 우리가 직면한 문제와 맞서게 하기 위해 필요한 정보를 모아야 한다. 여기 저기 흩어져 있는 무관한 아이디어들을 결합해야 창조적인 해결책이 나온다.

모든 사람이 반짝이는 아이디어를 낼 수 있다. 창조적 사고는 일반적 사고와 별 차이가 없다고 앞에서 설명했었다. 어떤 아이디어가 하찮은 것인지 귀중한 것인지는 상대적이다. 아마추어에게는 혁신적이라고 여겨지는 생각도 그 분야의 전문가에게는 단순하게 여겨질 것이다. 우리는 일상생활의 많은 상황에서 전문가가 될 수도 있고, 자신이 생각했던 참신한 아이디어들이 중요하지 않는 것처럼 보일 수도 있다. 그러나 중요한 점은 그 아이디어가 천재적이냐 아니냐에 관계없이 문제를 풀 수 있느냐 하는 것이다. 때때로 우리는 전문가보다 더 훌륭하게 문제를 해결할 수도 있다.

문제 상황을 다른 관점에서 바라보고 문제의 뜻을 규명하는 여러 가지 방법을 찾아보라. 일단 문제점이 정의되면 여러 가지 해법을 구하게 될 것이다. 가능하다면 다양한 선택 사항들까지 고려할 수 있도록 충분한 시간을 가져라. 문제점을 정의하는 것과 마찬가지로 해법도 다양한 각도에서 볼 수 있다. 영감(inspiration)은 자주 배양(incubation)의 시기가 지나서야 나타난다. 그러므로 문제를 극복하기 위해 다양한 가능성이 있는 해법들을 검토하면서 시간을 투자하라.

우리의 경험에는 한계가 있고 우리가 얻을 수 있는 정보도 상당히 제한적이다. 이런 이유 때문에 과학적 기초 지식이 도움이 된다. 기초적인 과학 이론을 바탕으로 하여 많은 현상들을 설명할 수 있으므로 우리가 경험하지 못한 완전히 새로운 상황까지도 이런 이론에 기초하여 설명할 수 있다. 게다가 단순한 계산일지라도 수학을 안다면 아주 큰 혜택을 얻을 수 있다. 어떤 문제는 어림짐작(hand-waving)만으로는 풀 수 없는데, 이런 경우에는 수학적인 평가가 필요하다.

현재 발생한 문제를 해결해야 할 뿐만 아니라 미래에 발생할 문제를 예측하려고 시도해야 한다. 이것이 예측(forecasting)이 중요한 이유이다. 그러므로 우리는 단기계획과 장기계획을 세워야 한다. 그런 후 상황에 맞춰 행동해야 한다.

목적지로 가는 경로가 여러 가지인 경우, 각 경로의 확률치(=성공 가능성×보상)를 계산해 보고 그 중 가장 높은 확률치를 갖는 경로를 먼저 선택하라. 만약 모든 경로가 가능하다면 성공 확률과 보상을 높일 수 있도록 노력하라. 모든 문제에는 그 문제가 처한 상황이나 시간, 경비, 그리고 노력 등에 따라 변화하는 제한 조건이 존재한다. 이런 제한 조건들 내에서 가능한 다양한 해법들을 생각한 후 최대의 보상을 받을 수 있는 한 가지를 선택하라.

위험을 감수하고 새로운 것에 도전하라. 시도하지 않는다면 결코 발견하지 못할 것이고 기회를 잃게 될 것이다. 많은 실수를 하게 될 것이라고 인정하라. 어떤 교수는 자기 학생들에게 "가능한 한 많은 실수를 빠른 시간 안에 저질러라!"라고 말한다.

실수와 실패를 통해 배워라. 우유가 쏟아졌다고 울지 말라. 그 대신에 다음 도전을 준비하라. 게다가 가능하다면 다른 사람의 실수를 통해 배우고 타인이 경험한 실패 경로를 따르지 말라.

가능할 때 다른 사람과 협력하고 논의하라. 두 사람의 생각은 한 사람의 생각보다 낫다. 여러분이 경험하지 못한 일을 다른 사람들은 경험해 보았다. 그들은 여러분이 전혀 경험해 보지 못한 일에 대해 정보를 줄 수도 있고, 여러분이 한 번도 꿈꾸어 보지 못한 아이디어를 낼 수도 있다.

모든 질병이 다 완치되지 못하듯이 모든 문제가 다 해결되지는 않는다. 많은 문제들이 여러분의 능력 밖인 제한 조건을 가지고 있다. 그러나 여러분 스스로가 과학적 방법에 익숙해져 있다면 그런 조건들을 해결하는 방법을 배우게 될 것이며, 계속해서 과학적 방법을 연습해 익숙해진다면 예전에 여러분이 해결했던 문제보다 더 많은 문제들을 해결할 수 있게 될 것이다. 어쩌면 여러분이 아주 만족해 할 만한 참신한 해결책에 도달할지도 모른다.

여러분 자신의 문제를 해결할 수 있는 능력이 생기면 성취감을 얻게 될 것이고, 분명 더 나은 인생을 즐기게 될 것이다.

과학을 활용하는 생활

2010년 1월 10일 1판 1쇄 인쇄
2010년 1월 20일 1판 1쇄 발행

저 자 Don K Mak · Angela T Mak · Anthony B Mak
역 자 진 병 문
발행인 연 규 산
발행처 청범출판사
등 록 1991년 8월 13일 No. 5-282
주 소 서울시 노원구 공릉1동 598-7
전 화 02-971-5385
팩 스 02-977-8967
ISBN 978-89-88247-59-4 03400